Ciencia y Tecnología en América Latina

Análisis comparativo de los Sistemas Nacionales de Ciencia, Tecnología e Innovación de: Chile, Colombia, Uruguay y Venezuela

Ciencia y Tecnología en América Latina.
Análisis comparativo de los Sistemas Nacionales de Ciencia, Tecnología e
Innovación en Chile, Colombia, Uruguay y Venezuela

EDICIONES CITECI
Colección Conocimiento y Desarrollo.
Centro CITECI, 2015

(reedición, edición original de 2004)

AUTORES
Marianela Lafuente
Carlos Genatios

EDITORES
Carlos Genatios
Marianela Lafuente

Diseño
María Isabel Almiñana

Depósto Legal: lf25220156003297
ISBN: 978-980-7081-07-8
© Centro CITECI
RIF: J-29348525-8

www.citeci.com
contacto@citeci.com

Ciencia y Tecnología en América Latina

Análisis comparativo de los Sistemas Nacionales de Ciencia, Tecnología e Innovación de: Chile, Colombia, Uruguay y Venezuela.

Índice

Índice de Tablas

PRÓLOGO

La ciencia y la tecnología son herramientas indispensables para impulsar el desarrollo productivo y social de la sociedad actual. Esto incluye aspectos como el desarrollo del conocimiento y de los mecanismos que conllevan a su incorporación en procesos productivos, así como su difusión y uso en la sociedad, los cuales son vitales para el mejor aprovechamiento de los inmensos recursos que poseen los países de América Latina. Recursos estos que han facilitado el desarrollo foráneo, sin que conozcamos en nuestras poblaciones su adecuado aprovechamiento.

Hoy América Latina sigue viviendo de la explotación de sus recursos, y de su exportación a los grandes polos de desarrollo. No vive de la industrialización de los mismos, de convertir el petróleo, el cobre, el hierro o la madera, en bienes elaborados que compitan en los mercados nacionales, regionales y extra regionales. No vive de exportar software a pesar de tener un mercado de más de quinientos millones de habitantes castellano y luso parlantes. No vive del aprovechamiento de la inmensa biodiversidad amazónica que vincula a ocho países de la región, la cual es cada vez más aprovechada y patentada por países industrializados.

La ciencia y la tecnología en nuestros países, tienen el importante reto de impulsar el conocimiento en grupos altamente calificados, y el de extenderlo y democratizarlo en la población y aplicarlo para introducir innovaciones en los procesos productivos y de administración a fin de acercarnos más el bienestar de nuestras poblaciones.

A pesar de haberse realizado inversiones nada despreciables en las últimas décadas para el impulso de la ciencia en nuestros países, poco se ha cosechado en términos concretos. Sin políticas públicas adecuadas, ni esfuerzos conscientes de distintos actores de la sociedad, esos recursos pierden sus objetivos, pierden su fuerza y su potencial. Sin menospreciar la calidad de grupos de investigación que logran avances específicos y puntuales en el conocimiento, las inversiones en ciencia y tecnología deben acompañar las necesidades mayores de nuestras sociedades: alimentación, recursos hídricos, vivienda, salud, educación, producción, energía, prevención de desastres, organización y participación ciudadana, poderes públicos, entre otros. Los recursos destinados a la investigación y desarrollo deben seguir propuestas y exigencias de rescate de nuestra realidad y de generar organizaciones eficientes para su aprovechamiento, sin que por ello se abandonen grupos de excelencia en áreas del conocimiento ni se limite la libertad que requiere el proceso creativo de la ciencia.

Con esta visión, fue creado en 1999 el Ministerio de Ciencia y Tecnología en Venezuela, el cual constituye una experiencia novedosa, no sólo única en Venezuela, sino novedosa en la región, que tuvo la finalidad de apuntalar el desarrollo y aprovechamiento de los recursos y capacidades nacionales, con una visión de integración universal y regional propia del conocimiento. Esa experiencia se concretó a partir de septiembre de ese año, cuando los autores del presente trabajo fueron nombrados su primer Ministro de ese despacho, y a la coautora como primera Viceministro, y ambos emprendieron su fundación. En tal sentido, la recopilación y análisis que se presenta en este trabajo tiene la visión de dos funcionarios públicos que a la vez son investigadores de centros universitarios de alto nivel nacional, quienes llevaron a cabo la tarea de crear ese ministerio, con lo cual, tienen en sus manos la experiencia del diseño, aplicación y evaluación de políticas públicas en ciencia y tecnología desarrollados por su propia experiencia, así como por la de otros gobiernos de países hermanos de la región. En esa dirección, el presente trabajo incluye el resumen de una mayor investigación realizada a nivel regional.

Para poder guiar la definición de políticas públicas en ciencia y tecnología, es necesario contar con diagnósticos adecuados, realistas y visionarios que apoyen la formulación de programas y que establezcan lineamientos a seguir.

Si nos ubicamos en la perspectiva regional, el conocimiento de las capacidades de los países, es un requisito para la formulación de programas de integración que posibiliten el aprovechamiento de los recursos naturales, humanos y económicos de cada país, en una perspectiva que permita el desarrollo complementario, solidario y competitivo. Tenemos que conocer los recursos y experiencias positivas y negativas de cada país a fin de complementar programas de crecimiento conjunto, en una perspectiva de integración regional.

En este trabajo se presenta un análisis comparativo así como un resumen de un más amplio levantamiento de los sistemas nacionales de ciencia, tecnología e innovación de cuatro países latinoamericanos que coexisten en un esfuerzo por dinamizar sus economías y luchar contra la pobreza: Chile, Colombia, Uruguay y Venezuela. Como producto de este levantamiento, se analizan las problemáticas que cada uno de ellos presenta, así como un conjunto de propuestas que definen las políticas públicas necesarias y convenientes en cada país, con una perspectiva global de integración y desarrollo de la región.

En el trabajo se destacan cuatro aspectos: en primer lugar, el principio de que el conocimiento debe orientarse al servicio del desarrollo del país y las necesidades de su gente. No son las necesidades de los pueblos las que deben subordinarse a los intereses de la ciencia sino al revés; debemos por eso cultivar una ciencia comprometida con el desarrollo y con la libertad. Sin desconocer los márgenes de libertad y autonomía que exige la aventura de la investigación científica, justo es reconocer también que en el pasado se han desperdiciado muchos recursos en América Latina y que lo principal del esfuerzo en este campo (mas no su totalidad) debe orientarse con sentido práctico a resolver tantos problemas del subdesarrollo y la pobreza de nuestros países.

Como segundo elemento, destaca el importante rol que se confiere a la conformación sistémica de las organizaciones y espacios de desarrollo científico y tecnológico. Esa es una componente importante a la que deben estar dirigidos los esfuerzos públicos, y en tal sentido el presente trabajo lo destaca.

El tercer aspecto importante a resaltar del presente trabajo, es la insistencia en destacar la necesidad de profundizar en esfuerzos nacionales, locales y regionales por cerrar la brecha digital, la cual se convierte en una cada vez mayor debilidad de nuestras sociedades. Ese importante aspecto es tomado claramente en cuenta al hacer el análisis de la situación de los cuatro países, así como las perspectivas de las tecnologías de información y las medidas tomadas en consideración para su crecimiento. Es necesario insistir en los aspectos prioritarios de las políticas públicas que tiendan al desarrollo de una sociedad que aproveche las ventajas del ciberespacio, estos son la conectividad, capacitación, contenidos, economía digital y gobierno electrónico. Estos aspectos deben estar presentes en la definición de políticas públicas y en la revisión del impacto de las mismas, en una sociedad que puede permitirse por esta vía un mecanismo claro de integración.

Un cuarto aspecto resaltado es la participación ciudadana y la definición de políticas públicas mediante mecanismos de prospección y de participación ciudadana. Varias experiencias son analizadas, en particular en Uruguay y Venezuela. Estos mecanismos tienden a la mejor definición de políticas públicas, así como a una mayor participación nacional en sus definiciones, aplicaciones y evaluaciones y, por último, a su mayor continuidad y sostenibilidad.

RESUMEN

Introducción

El concepto de Innovación se ha profundizado. No es considerado un hecho aislado, que surge solamente a partir de iniciativas de emprendedores visionarios que aprovechan exitosamente los desarrollos científicos y tecnológicos, sino un proceso complejo inscrito en la dinámica de lo que ha dado en llamarse el Sistema Nacional de Innovación (SNI), concepto donde se integran componentes de los niveles macro, meso y micro de la economía que hacen posible el surgimiento y aplicación de las innovaciones tecnológicas, y su impacto en el desarrollo económico y social del país. El éxito de iniciativas innovadoras depende, dentro de este enfoque sistémico, de entramadas condiciones del entorno económico y político, nacional e internacional, de las políticas, estrategias y condiciones legales, de las capacidades sociales, del funcionamiento socio institucional y de las relaciones entre redes de actores de distintos sectores de la sociedad.

En los países de América Latina y el Caribe, a la zaga en el desarrollo, con escenarios de pobreza, desigualdad marcada en la distribución de la riqueza, pobres indicadores de educación y salud, debilidades institucionales, bajo desarrollo de las fuerzas productivas, alta dependencia económica y otros gravísimos problemas, los SNI se han instalado, primero, de manera formal, existiendo solamente, en el mejor de los casos, como una meta a alcanzar enunciada en los planes y políticas de los gobiernos nacionales. A pesar de que en muchos de estos países existen iniciativas puntuales exitosas, la intervención del Estado es fundamental para crear las condiciones necesarias que hagan posible la instalación de un ambiente propicio, procesos generalizados de innovación y la inserción competitiva del país dentro de los escenarios internacionales.

En este trabajo, se seleccionaron cuatro países de América Latina: Chile, Colombia, Uruguay y Venezuela, con el objetivo de evaluar las experiencias recientes en las áreas de ciencia, tecnología e innovación, en cuanto a capacidades, políticas vigentes, caracterización institucional, planes y programas, buscando detectar los principales obstáculos y nudos críticos para la implementación de las políticas, y las iniciativas y prácticas más exitosas, todo esto con el fin de proponer recomendaciones que permitan reorientar las políticas en estos países, así como de los organismos de cooperación y los de desarrollo regional. A tal fin, se realizó una revisión de la situación en cada país escogido, complementada con entrevistas y encuestas dirigidas a actores relevantes del sector.

Las conclusiones de este trabajo apuntan a subrayar que la situación de los países en estudio, con ciertas capacidades desarrolladas en ciencia y tecnología, exige de los distintos gobiernos nacionales la necesidad de empezar por innovar en la formulación de políticas, estrategias y esquemas de gestión pública novedosos y creativos, que vayan tendiendo, a mediano o largo plazo, a la consolidación de un verdadero Sistema Nacional de Innovación, pero, también, a más corto plazo, al aprovechamiento estratégico de las ventajas comparativas y fortalezas del país, para desarrollar sectores de oportunidad y fortalecer circuitos innovadores, ya existentes o potenciales, a nivel nacional, con el fin de competir en los mercados regionales y globales a corto plazo, y lograr un rápido impacto en la reactivación de la economía, el crecimiento productivo, la creación de empleos y la mejora de la calidad de vida de la población.

Asimismo, se evidencia la importancia de impulsar la participación de las agencias de cooperación y de desarrollo, a nivel regional, con la propuesta de programas que tiendan a fomentar la cooperación intra-regional en ciencia y tecnología, a complementar las capacidades y fortalezas de los distintos países y a apoyar la capacidad de internacionalización de las empresas competitivas, para contribuir con la integración y el fortalecimiento de los mercados regionales.

Caracterización de los SNCTI

Los rasgos comunes principales de los Sistemas Nacionales de Ciencia, Tecnología e Innovación (SNCTI), para cada país se resumen a continuación:

1. Los esquemas económicos de los países estudiados se basan, principalmente, en la producción y exportación de productos primarios

(entre un 58% del total de mercancías exportadas, en el caso de Uruguay, y un 91% en el caso de Venezuela). La exportación de productos de alto valor agregado es muy baja, como reflejo de los problemas de competitividad de estos países. Las graves desigualdades en la distribución de la riqueza y la pobreza son el escenario social imperante, siendo Chile el país que presenta un mejor horizonte para la superación de la pobreza, aunque mantenga actualmente una distribución bastante desigual de la riqueza.

2. Sólo en Venezuela existe un marco legal específico, de reciente publicación (la Ley Orgánica de Ciencia, Tecnología e Innovación, LOCTI, de 2001), para englobar las actividades del Sistema Nacional de Ciencia, Tecnología e Innovación, y un Ministerio, como ente rector. En Colombia, el Sistema Nacional de Ciencia y Tecnología tiene estatus legal, a partir de una ley publicada en 1990. En los cuatro países se han hecho esfuerzos recientes por actualizar los instrumentos legales, particularmente en los temas de propiedad intelectual y calidad, donde se responde, principalmente, a exigencias de acuerdos internacionales. En los países estudiados, a excepción de Uruguay, se han implementado instrumentos legales para dar validez a las firmas y documentos digitales y para impulsar las tecnologías de información en el comercio y gobierno electrónico. Los incentivos existentes para las actividades de I+D, y de innovación, son inexistentes, insuficientes o escasamente utilizados por el sector privado. La integración en mercados regionales, como el MERCOSUR, la CAN y otros, exitosa en mayor o menor grado, no se corresponde, en paralelo, con el intercambio científico y tecnológico, muy escaso entre los países de la región, a pesar de los convenios vigentes, en particular, entre los países estudiados. La inseguridad, constante cambio, incoherencia, inadecuación e inestabilidad de las políticas, marco jurídico e incentivos son, para el sector privado nacional y la inversión extranjera, según distintas encuestas de reciente publicación, problemas de mayor importancia en Colombia, y muy especialmente en Venezuela, mas no así en Chile y Uruguay.

3. En los cuatro países estudiados se evidencian problemas de coordinación entre los organismos públicos relacionados con la formulación, coordinación, evaluación y seguimiento de las políticas en estas áreas. En general, se observa duplicación de esfuerzos, dispersión de recursos y poca coherencia entre los distintos organismos públicos

relacionados con la gestión de políticas científicas y tecnológicas. En cuanto al ambiente institucional, Chile y Uruguay presentan una mejor situación, pero, las instituciones públicas, en general, gozan de poca credibilidad por parte de la población, presentando problemas en cuanto a la transparencia en su funcionamiento y el control de la corrupción. Se han implementado planes recientes, para mejorar el funcionamiento a partir del uso de las tecnologías de información, facilitando el acceso a la información e iniciando la automatización de trámites y procesos. Los logros del gobierno electrónico han sido más importantes en Chile que en el resto de los países estudiados, siendo Uruguay el país de este grupo más rezagado en este aspecto.

4. En los cuatro países estudiados, a pesar de que los niveles de inversión nacional son escasos, se ha logrado consolidar una importante capacidad en I+D, tanto en calidad y cantidad de investigadores, como en infraestructura de laboratorios y equipos, comparable a la media regional, y muy superior a ella, en los casos de Chile y Uruguay. Esta capacidad es, sin embargo, insuficiente, si se compara con los indicadores de los países desarrollados, con los de economías emergentes de otras regiones del mundo como las del sureste asiático, y con las recomendaciones de la UNESCO para países en desarrollo. Por otro lado, en los cuatro países, esta oferta se concentra, en más de un 70%, en las universidades, principalmente en las más importantes universidades públicas, donde se realizan la mayor parte de las actividades de I+D de cada país, financiadas, casi totalmente, con fondos del Estado. El sector productivo privado invierte y contribuye muy poco, o casi nada, con estas actividades. Otra característica, común a estos cuatro países, es la desvinculación de la oferta científico tecnológica con las demandas del sector productivo y con la sociedad en general. Existen pocos incentivos para desarrollar la carrera del investigador y problemas presupuestarios para apoyar las actividades de I+D en las Universidades. Estas actividades no son valoradas de manera suficiente por la sociedad. En particular, el sector productivo desconoce, menosprecia o no tiene confianza en la oferta potencialmente existente en las universidades para atender sus necesidades. La productividad del sector científico y académico se mide, principalmente, en publicaciones acreditadas por índices internacionales, y es muy pobre en términos de patentes. La cooperación e intercambio de científicos es escasa a nivel regional, y se establece, principalmente, con países desarrollados.

5. Los incentivos existentes para vincular la oferta con la demanda son inexistentes, insuficientes o poco adecuados. Existen iniciativas y experiencias recientes en la creación de organismos específicos para cumplir con estos objetivos, como centros de gestión tecnológica, incubadoras, parques tecnológicos, etc., pero que, con algunas excepciones y casos particulares, han tenido un impacto limitado, por razones diversas, que tienen que ver con problemas de financiamiento, falta de incentivos, instrumentos inadecuados, deficiencias institucionales, de redes de apoyo, de personal capacitado, etc.

6. La apertura de los mercados y los acuerdos internacionales de comercio han obligado a la actualización de normas, políticas y sistemas nacionales de calidad, muy recientes, particularmente en Venezuela, país muy rezagado en este aspecto, aunque más consolidados en Chile y Uruguay. Las redes nacionales de laboratorios y organismos de apoyo en certificación y calidad son todavía débiles en estos países. Los procesos de certificación son costosos y existen pocos incentivos e instrumentos de apoyo públicos en esta área.

7. Los sistemas de protección a la propiedad intelectual son componentes débiles en todos los países estudiados. Se han hecho esfuerzos por actualizar los marcos jurídicos vigentes. Los esfuerzos pioneros en la región corresponden a Chile. Los procesos de adjudicación de patentes son, en general, lentos, difíciles y costosos, en mayor o menor grado en los cuatro países estudiados. El número de solicitudes de patentes es escaso, a nivel nacional en los cuatro países. Muchos inventos y productos de estos países, sin embargo, son patentados en los sistemas americanos o europeos. Los bancos de patentes y sistemas de información existentes deben ser modernizados y actualizados. Estos sistemas no son utilizados, en general, por los sectores empresariales, como herramientas de extensión tecnológica y de apoyo para procesos de innovación.

8. En los cuatro países estudiados, el acceso al financiamiento es una de las principales trabas que enfrentan las empresas, particularmente el sector de la PYME, para iniciar procesos de innovación tecnológica. A pesar de algunas iniciativas incipientes, se puede afirmar que, en la práctica, no existen fondos de capital de riesgo funcionando en estos países.

9. No existen o son muy débiles, redes, constituidas como tales, a nivel nacional, sectorial o regional, que proporcionen un sistema de apoyo tecnológico, asistencia técnica, información, etc. para las actividades de ciencia, tecnología e innovación. Las políticas gubernamentales recientes establecen, en general, la necesidad de crear, fortalecer y mantener estas redes, pero sus resultados no son todavía apreciables en la práctica. En Venezuela y Colombia se han creado, muy recientemente, Observatorios Nacionales con competencias para el monitoreo, elaboración de indicadores y seguimiento del entorno científico, de innovación tecnológica y de competitividad nacional.

10. El sector de la PYME es de gran importancia en los cuatro países analizados, ya que proporciona empleo a más del 50% de la población económicamente activa. Este sector se ha visto seriamente afectado con las políticas de apertura de mercados, las cuales imponen retos ante los cuales una gran parte de este sector no está en capacidad de responder competitivamente. En Venezuela son amenazadas por las políticas gubernamentales, así como por el establecimiento de acuerdos con países cuyas empresas no necesariamente son de mejor calidad ni competitividad que las nacionales, con lo que se limitan actualmente los mínimos derechos de trabajo y desarrollo de sectores productivos, y por razones políticas, se otorgan estas posibilidades a empresas foráneas, de países que aprovechan la situación, con Rusia, China, Irán, entre otros. Las dificultades mayores que enfrentan las PYMES, según encuestas al sector, están relacionadas principalmente con: el entorno económico y social, el acceso al financiamiento, la cantidad y costo de trámites, los excesos reglamentarios en la actividad económica, la ineficiencia del Estado hacia la reglamentación y el control, las deficiencias en infraestructura, y la inseguridad. La corrupción en la administración pública es también un obstáculo en Venezuela y Colombia. La PYME, en los cuatro países, es un sector poco propicio a emprender procesos de innovación, debido al alto costo y riesgo de la inversión en estas actividades, la insuficiencia de redes de apoyo tecnológico, la baja calificación del personal empleado por las empresas, la poca capacidad o disposición para establecer redes de cooperación productiva, entre otros factores. Las inversiones en innovación se efectúan, predominantemente, para la adquisición y adaptación de tecnología foránea, y con la asociación con empresas extranjeras. La PYME invierte poco o nada en actividades de I+D,

tiene muy poca vinculación con el sector académico-investigativo del país, y poca capacidad para establecer redes de asociación con otras empresas nacionales. El sector de PYMES de alta tecnología, en estos países, representa un porcentaje muy pequeño del total de las empresas del sector. Las experiencias exitosas y la competencia de algunos "circuitos de innovación" puntuales, son hechos aislados y casi fortuitos, dentro de sistemas y de políticas nacionales de innovación todavía no consolidados.

11. En general, en los cuatro países estudiados, se han formulado, aunque muy recientemente, las políticas públicas necesarias para conformar los Sistemas Nacionales de Ciencia, Tecnología e Innovación, y, se puede considerar que, a nivel de la oferta científico tecnológica, de las capacidades y de las instituciones, con mayores o menores fortalezas, existen las bases iniciales para consolidar su funcionamiento a mediano o largo plazo. Sin embargo, el entorno económico y social, así como las debilidades institucionales y del capital social, constituyen factores críticos.

Obstáculos Típicos y Respuestas en cada País.

Con base en la revisión efectuada en este trabajo, se tipificaron una serie de problemas comunes, que dificultan el desarrollo de actividades de ciencia, tecnología e innovación, y, particularmente, de las tecnologías de información y comunicación (TIC), en Chile, Colombia, Uruguay y Venezuela.

El trabajo realizado, complementado con las encuestas y entrevistas efectuadas en los cuatro países, permitió completar tablas, que no pretenden ser exhaustivas, pero que indican las respuestas relevantes que ha dado cada país a los problemas tipificados, según la información recopilada. El hecho de que, en algunos renglones específicos, se indique en las tablas que no se consiguió la información, no quiere decir que no existan políticas o iniciativas actuales orientadas a ese tema, sino que, en el curso del trabajo, no se consiguió o no se logró tener acceso a información sobre programas específicos relevantes en esas áreas.

Consideraciones finales y recomendaciones.

Con base en el estudio realizado, y tomando en cuenta los resultados de las entrevistas realizadas y las encuestas recibidas, resumimos a continuación una serie de consideraciones que pueden servir de base para ajustar las políticas públicas de desarrollo en ciencia y tecnología en países de la región que cuentan con ciertas capacidades en esas áreas, como lo son Chile, Colombia, Uruguay y Venezuela, y, muy especialmente, para orientar los programas de cooperación internacional en estos países y en la región en general.

1. La gestión de la cooperación internacional, y en particular la del BID, en el pasado, se destinó principalmente a fortalecer la oferta y capacidades de C y T, especialmente en universidades y centros de investigación, infraestructura física, capital humano, reforzamiento institucional de organismos de financiamiento, etc. Más recientemente, el BID introdujo un cambio importante en estas políticas, enfocándose, también, en acciones y programas con énfasis en el desarrollo de la tecnología y la innovación tecnológica en el sector productivo, atendiendo a las prioridades regionales de desarrollo.

    Las nuevas estrategias responden a un enfoque sistémico, que busca fortalecer los Sistemas Nacionales de Innovación (SIN), con los objetivos principales de:

    - Incorporar nuevas tecnologías y procesos en la producción y procesos conexos de las empresas
    - Fortalecer las instituciones de financiamiento, información, apoyo técnico, servicios y normas para el sector productivo
    - Acrecentar montos, eficacia y productividad de la inversión en Ciencia y Tecnología.
    - Formar y aprovechar los recursos humanos
    - Fortalecer las vinculaciones entre los componentes y actores del SNI.
    - Fortalecer la cooperación internacional en Ciencia y Tecnología.
    - Complementar los programas del Banco en esta área con inversiones en educación básica, secundaria, superior y capacitación laboral, entre otros.

Sin embargo, la situación de los SNCTI en los países analizados, indica que la consolidación de estos sistemas es todavía un objetivo de mediano o largo plazo, obstaculizado por las más o menos difíciles e inestables condiciones económicas, políticas, sociales e institucionales que los caracterizan. Las debilidades institucionales, la frágil continuidad de las políticas y planes, y el escaso nivel de inversión, son factores que alejan aún más la consolidación de tales sistemas.

La educación primaria, secundaria y técnica a niveles básicos, es fundamental en la preparación de la población para lograr un desarrollo social más equilibrado y sostenible, que fortalezca tanto la fuerza de trabajo como las capacidades de absorción de conocimiento y la consolidación del capital social. Esta mención debe incluir los niveles de educación universitaria y profesional. Las políticas nacionales y los programas de educación de la cooperación internacional deben ser articulados con los de ciencia, tecnología y competitividad, en esta perspectiva de desarrollo.

2. La inversión nacional en Ciencia y Tecnología, en estos países, que ha sido apoyada de por la cooperación internacional, si bien no ha alcanzado los niveles deseables, ha sido importante para consolidar una buena capacidad y oferta científico-tecnológica. Sin embargo, el impacto de la inversión realizada, en términos generales, no ha sido claramente apreciable en la competitividad de los países y en su desarrollo económico y social. La revisión de los índices de competitividad de los últimos cuatro años así parece demostrarlo (IMD World Competitiveness Year Book, 2002). De más en más, los gobiernos han formulado políticas tendientes a valorar la ciencia y la tecnología como herramientas para el desarrollo de los pueblos, pero estas políticas necesitan también producir resultados de impacto a corto plazo, para poder validar y sostener los objetivos de más largo plazo, y justificar el gasto público en estos sectores. La grave situación de desigualdad social y de pobreza de estos países no puede esperar la respuesta de un posible, pero todavía lejano, sistema nacional que brinde un marco estable a procesos de innovación generalizados. Como los recursos son escasos, es necesario invertirlos preferiblemente en proyectos concretos, que no sólo contemplen metas a lejano plazo, sino también a corto y mediano plazo, que generen riqueza y sirvan de puntales para el avance de toda la sociedad. Los recursos se dispersan y tiene pocos resultados visibles porque responden a los objetivos generales de fortalecer sistemas nacionales que, por ahora, sólo existen

como un enunciado, en algunos casos, hasta con estatus legal, como en los casos de Colombia y Venezuela, pero sin un sustrato concreto. Las inversiones hasta ahora realizadas para fortalecer las capacidades, deben complementarse con esfuerzos por lograr impacto y visibilidad.

3. En algunos países, se ha reconocido esta situación, y se han tratado de focalizar los recursos hacia áreas "prioritarias" o "de oportunidad". En países como Chile, donde las políticas tienden más al libre mercado, esta focalización se ha hecho sobre temas o tecnologías transversales, tratando de minimizar la intervención del Estado. Nuestro estudio nos lleva a la conclusión de que se hace necesaria, por el contrario, una intervención más clara del Estado, no sólo hacia la definición de áreas prioritarias o estratégicas, sino en la activa búsqueda y aprovechamiento de oportunidades concretas de desarrollo, y al impulso del encuentro del sector del conocimiento con el productivo.

4 Para ello, debe tomarse en cuenta, en primer lugar, que estos países basan su economía principalmente en la producción y exportación de productos primarios, en general, a partir de grandes empresas nacionales o en alianzas con grandes transnacionales. Alrededor de la producción de primarios, la lógica de obtener resultados de impacto rápido, obliga a considerar estrategias específicas como: la utilización de la capacidad nacional, especialmente de las PYME's, para satisfacer la demanda de servicios de estas empresas; la mejora de la competitividad de estas empresas a partir del desarrollo de alta tecnología nacional en procesos de producción, control, gestión, certificación y calidad; la diversificación de la economía a partir del desarrollo de industrias "aguas abajo" que aporten valor agregado intensivo en conocimientos a los productos primarios y a partir del desarrollo de empresas "aguas arriba" que aporten competitividad en los procesos de cultivo, extracción o producción de primarios. Alrededor de las grandes empresas, que son las que, en su mayor parte, generan la riqueza del país, pueden desarrollarse redes y clusters competitivos de PYME's que generen empleo y una mejor calidad de vida para la población. Las estrategias en Ciencia y Tecnología, además de continuar fortaleciendo las capacidades y, en general, los Sistemas Nacionales de CTI, deben incluir esfuerzos para detectar y profundizar las fortalezas existentes en el país a fin de atender la demanda de estas grandes empresas, desarrollar las capacidades necesarias y apoyar la consolidación de empresas High-Tech alrededor

de la producción de primarios, que son la base actual de la economía. Estas estrategias deben acompañarse de políticas públicas adecuadas y agresivas, en cuanto a compras del estado, incentivos, redes de apoyo, financiamiento, e intervención directa sobre las cadenas existentes, entre otras.

5. Por otro lado, en todos los países existen iniciativas innovadoras que han surgido de manera espontánea, sin apoyo particular del Estado, y con alto nivel competitivo, inclusive posicionados en mercados internacionales. Las políticas públicas en ciencia y tecnología deben también concentrarse en detectar estas iniciativas, a veces muy frágiles, y desarrollar los instrumentos apropiados para fortalecerlas e impulsar su crecimiento.

6. En la mayor parte de los casos, estas experiencias innovadoras surgen casi por causas circunstanciales imposibles de replicar o sistematizar en el contexto concreto de cada país. Por ello, también es necesario que las políticas públicas y los fondos existentes guarden el espacio necesario para que este surgimiento sea posible. Es decir, la focalización hacia proyectos y oportunidades concretas no debe ser la única directriz. Un espacio, que es muy valioso, para la libre demanda, debe ser reservado necesariamente en los fondos públicos destinados al desarrollo de la ciencia y la tecnología. Con ello, el peligro de direccionar demasiado la intervención del estado en apuestas de desarrollo que pueden ser riesgosas, queda en alguna medida contrarrestado. El control y monitoreo del surgimiento de estas iniciativas, inesperadamente exitosas, es fundamental para el desarrollo de los mecanismos de apoyo necesarios que garanticen su crecimiento y consolidación. Asimismo, es necesario destinar fondos al reforzamiento de la oferta, de las capacidades de investigación y generación de conocimientos en todas las áreas, la formación de investigadores y la infraestructura de I+D.

7. El establecimiento, más que de áreas estratégicas, de proyectos específicos de desarrollo en sectores competitivos, no puede ser simplemente declarado o impuesto a partir de políticas enunciadas en los organismos públicos competentes. Esta forma de intervención vertical y tradicional del Estado no es exitosa para integrar a todos los elementos y actores necesarios de los sectores públicos, académicos y productivos, que deben participar en su ejecución. Instrumentos novedosos que permitan la participación y el consenso de todos los sectores deben ser

implementados para formular y ejecutar con éxito las políticas y planes del país, y darles continuidad y sustentabilidad, más allá de los cambios de gobierno. Las herramientas prospectivas han probado ser exitosas para la detección de los horizontes de oportunidad, siempre y cuando se realicen a partir de procesos amplios, incluyentes e integradores, que permitan la formulación de una visión común, y el consenso de actores con intereses muchas veces divergentes. La experiencia de Venezuela, particularmente en el sector de la industria química asociada con procesos de extracción y producción de petróleo, es un ejemplo exitoso de esta práctica, que fue llevada, más allá del simple ejercicio prospectivo, al establecimiento de mesas de negociación y la formulación de proyectos concretos. Otro instrumento exitoso, para lograr la concertación de actores y canalizar la inversión en proyectos de impacto, que permiten vincular estrechamente la oferta con la demanda e incentivar la participación del sector productivo, es el de las "Agendas" venezolanas, o las "Mesas" uruguayas. La implementación de estos instrumentos requiere tiempo e inversión de recursos, pero los mismos han probado ser efectivos para el logro de los objetivos deseados.

8. La cooperación internacional y las propuestas de programas de organismos como la Unión Europea, el BID, el BM y las agencias internacionales de cooperación de los países europeos, Canadá y Japón ha sido importante, y lo puede ser más, para fortalecer y orientar las políticas nacionales en ciencia y tecnología. El estudio realizado y las impresiones particulares recogidas en entrevistas y encuestas, indican que los proyectos que se implementen, deben ser más profunda y cuidadosamente preparados, en función de las características, fortalezas y necesidades de cada país en particular, y de lograr mayores impactos, que incluyan componentes visibles a corto plazo, en el aprovechamiento de las oportunidades de desarrollo concretas en el contexto actual. Actualmente, los convenios y préstamos ejecutados o en ejecución, al igual que las políticas implementadas por el gobierno, son percibidos por una gran parte de los actores interesados, como paquetes externos, impuestos desde afuera, copiados de otras realidades y poco adaptados a las necesidades locales. Estudios de preinversión, utilizando métodos prospectivos abiertos y participativos, son altamente recomendables para formular convenios más acordes con las necesidades de desarrollo y que cuenten con la aceptación general de los usuarios. Dada la difícil situación de estos países, donde el gasto se orienta con criterios de

urgencia inmediata, es improbable que estos estudios se realicen con financiamiento público, por lo que, para hacerlos factibles, la cooperación internacional podría destinar para ello fondos no reembolsables, o incluirlos como una etapa necesaria en los préstamos acordados, para orientar al menos una parte de los fondos de inversión contemplados en los convenios, a la ejecución de los proyectos prioritarios concretos definidos a partir de una visión de consenso de los actores involucrados

9. La sustentabilidad y continuidad de los programas iniciados por las agencias de cooperación o con organismos multilaterales, son precarias en el contexto de los países de la región, donde las condiciones políticas, económicas y sociales orientan el gasto público hacia otras prioridades inmediatas. La capacidad de endeudamiento de estos países es muy limitada, lo que dificulta el establecimiento de nuevos acuerdos que den continuidad a los anteriores. Por un lado, parece necesario incrementar los lapsos de ejecución de los contratos establecidos, lo que también es una manera de garantizar la continuidad de las políticas, más allá de los cambios gubernamentales, y, también, parece necesario flexibilizar las condiciones de los préstamos, que, en tres de los países en estudio, establecen condiciones de aportes igualitarios del Estado y de los bancos en la ejecución de los préstamos, situación que retarda los proyectos, por dificultades presupuestarias para el cumplimiento de los aportes locales previstos. Estas condiciones no parecen adaptadas a la realidad de los países en cuestión, cuyas capacidades para cumplir con la ejecución de los proyectos, por lo menos en los casos de Colombia y, recientemente, Venezuela, se revelan insuficientes. Por otro lado, también se hace evidente que los instrumentos de política y financiamiento implementados no son suficientes o adecuados para fortalecer la demanda del sector productivo y su participación en la inversión en procesos de innovación. Este factor es quizás uno de los más importantes, en un proceso de evaluación y ajuste de las políticas del banco, y de las políticas públicas orientadas al sector.

10. En efecto, los instrumentos vigentes para incentivar o apoyar la participación del sector productivo en procesos de innovación, no han tenido en general un impacto claramente apreciable en el crecimiento competitivo de las empresas nacionales, en particular, de la PYME. La estrategia no puede limitarse a ofrecer fondos de financiamiento para proyectos tecnológicos, en un entorno donde todos los componentes del sistema de innovación,

son débiles y muy poco coordinados entre sí, y donde el sector empresarial presenta deficiencias en cuanto a sus capacidades para la formulación y ejecución de estos proyectos. Además de concentrar los recursos para la inversión en sectores o cadenas previamente elegidos por ser competitivos, o por tener fortalezas o potencialidades claramente definidas, los instrumentos ofrecidos deben adaptarse a las necesidades específicas de cada proyecto financiado y de las distintas empresas que participan. Deben diferenciarse los instrumentos adecuados para los distintos grados de desarrollo del proyecto y acompañarlo en todas sus etapas. Los modos de intervención pueden ser sobre una cadena de producción, sobre un cluster de empresas, o sobre empresas individuales, pero es muy conveniente incluir instrumentos que permitan hacer un diagnóstico previo de la competitividad, en cada caso, para formular un proyecto específico, con los componentes adecuados para reforzar las capacidades empresariales para su ejecución: instrumentos para la formación del personal, para la inserción o vinculación con personal de alto nivel, para adaptar la organización a las demandas de la transformación competitiva, de apoyo tecnológico, de creación de redes, de apoyo para procesos de calidad, para la búsqueda de nuevos mercados, para la exportación, etc. Son interesantes en este sentido, las iniciativas colombianas de encuentros de competitividad organizados por cadenas de producción. Estos encuentros deberían ser guiados hasta la formulación de proyectos concretos en cada cadena y la propuesta de instrumentos adecuados, por parte del Estado, para apoyar su ejecución. Como forma de intervención directa, es interesante también la experiencia venezolana con el programa de "modernizadores de empresas", del FONACIT. Se trata de un instrumento que permite financiar o cofinanciar los servicios de un profesional especializado, que se inserta en el seno de una PYME para formular un diagnóstico de su competitividad y un proyecto de innovación o de modernización tecnológica específico, el cual luego será cofinanciado y acompañado con otros instrumentos del FONACIT. También se desarrolló un portal donde se vincula la oferta con la demanda: los empresarios exponen sus problemas, los profesionales u otras empresas o instituciones presentan una oferta, y pueden plantear un proyecto conjunto para su financiamiento por el FONACIT.

Otro instrumento interesante, en el caso de Venezuela, como forma de intervención directa para la construcción de la demanda regional, en este caso de las alcaldías, que en muchos casos no tiene capacidades suficientes para formular y ejecutar proyectos de ciencia y tecnología, es el Programa de Fortalecimiento a la Gestión Regional, donde se imparten talleres de formación para los funcionarios públicos y se les guía, por la vía del "aprender haciendo", en la detección de necesidades, la formulación de proyectos específicos, la constitución de alianzas con profesionales, o con el sector académico para la ejecución de los mismos y se les orienta para la obtención de los fondos necesarios.

En Uruguay, Colombia y Chile se proponen instrumentos diferentes para el financiamiento de proyectos asociativos entre empresas. Pero para hacerlos más efectivos, es necesario una intervención más activa del Estado en propiciar encuentros, complementar capacidades y proponer alternativas para financiar los costos de transacción en el establecimiento de estas asociaciones.

Una gran laguna, en los programas de fomento y desarrollo de la competitividad, en los países estudiados, es la inexistencia de instrumentos adecuados para el apoyo a procesos de internacionalización de las empresas con potencial exportador.

Otra gran debilidad fue detectada en los instrumentos para fomentar la vinculación entre el sector académico y el sector productivo. Los programas existentes tienden a apoyar la formación de unidades de vinculación en el seno de las universidades, lo cual todavía no ha dado resultados de impacto. Parecería más adecuado orientar estos instrumentos hacia incentivar la formación de este tipo de unidades en el seno de las empresas, desde la demanda, más que desde la oferta.

En resumen, además de concentrar los recursos, al menos en parte, en proyectos específicos, es necesario revisar y evaluar el abanico de instrumentos ofrecidos actualmente, para modificarlos y adaptarlos a formas de intervención más directas, que hagan posible la ejecución de los mismos y contribuyan con la consolidación de una demanda real.

Este trabajo brindó información sobre instrumentos exitosos en los distintos países, los cuales pueden ser replicados, mejorados y adaptados según las necesidades de cada caso en particular. La organización de eventos regionales, para compartir y discutir las experiencias existentes de los distintos países en la formulación y ejecución de políticas de desarrollo de la ciencia y la tecnología, sería una iniciativa importante para propiciar este proceso.

11. La creación de incentivos tributarios directos para las empresas que realizan proyectos de innovación ha sido una iniciativa exitosa, en Colombia, para fortalecer la demanda y contribuir con la sostenibilidad de los programas. Estos incentivos pueden ser reglamentados por sectores, por períodos determinados, por tamaño de las empresas, etc., de manera de asegurar que contribuyan con la formación de una competitividad real. En Venezuela se introdujeron, además, medidas impositivas para asegurar la inversión de las grandes empresas en ciencia y tecnología, no para la creación de fondos a ser administrados por el Estado, sino en proyectos específicos ejecutados por las mismas empresas en sus actividades productivas. Las capacidades de coordinación, negociación, formulación, acompañamiento y seguimiento de proyectos, por parte de los organismos del Estado deben fortalecerse adecuadamente, para que estas medidas tengan el éxito deseado. La política de compras tecnológicas del Estado es otro instrumento valioso para constituir una demanda sostenida en el tiempo y organizar proyectos de competitividad alrededor de cadenas específicas que se orienten a satisfacer esta demanda.

12. Los proyectos impulsados desde la cooperación internacional deben prestar especial atención a las instituciones públicas llamadas a ejecutarlos. Deben introducirse programas para la formación de los empleados públicos en gerencia social y de la innovación, con una perspectiva global de toda la cadena. Un programa de este tipo se ejecuta actualmente en Venezuela. Además de fortalecer las capacidades humanas, se requiere invertir en modernizar y adaptar el funcionamiento de las organizaciones a las demandas del sector productivo, y a los nuevos instrumentos y políticas de intervención establecidas. Los nuevos esquemas de políticas públicas obligan a innovar en las formas institucionales de gerencia y funcionamiento. Esquemas exitosos se han introducido en CORFO (Chile), por ejemplo, con la creación de redes de aliados para la gestión y administración descentralizada de los proyectos. Alianzas con bancos de segundo piso y con la banca comercial, permiten agilizar la administración de los fondos, como en los casos de Chile y Colombia, aunque hay que velar porque estos mecanismos no entraben el acceso al financiamiento

para las PYMES. Las tecnologías de información se utilizan exitosamente en Venezuela para iniciar la automatización total de los procesos de atención al usuario, recepción de proyectos, evaluación, elaboración de contratos y otorgamiento de los fondos. La experiencia indica que los proyectos recientes del BID, ejecutados por los tradicionales CONICYT de cada país, han presentado dificultades en la ejecución de las componentes de competitividad, mientras que las componentes de ciencia y tecnología se ejecutan más rápidamente. Quizás es conveniente evaluar la pertinencia de separar las dos componentes y ejecutarlas con las instituciones más adecuadas para cada sector, con las capacidades adecuadas, en cada caso, para coordinar, convocar y atender las necesidades de los investigadores, por un lado, y de los empresarios, por el otro. En el caso de Chile, la ejecución se trasladó al Ministerio de Economía, con más capacidades institucionales que el CONICYT, pero se presentan problemas de coordinación en la ejecución de las distintas componentes. La inversión en el establecimiento de sistemas de evaluación y seguimiento de la gestión y de la ejecución de los programas, es una necesidad imperiosa, con la elaboración de indicadores adecuados y el establecimiento de instrumentos y plataformas adecuadas para el manejo de la información y el monitoreo del entorno. Las componentes de fortalecimiento institucional, en los proyectos de cooperación deben ser orientadas a atender estos aspectos prioritarios.

13. Los programas específicos para el desarrollo de las tecnologías de información, ya existentes en los países estudiados, deben coordinarse con las políticas de innovación vigentes, ya que su impacto no ha sido todavía suficientemente apreciable en el fortalecimiento de la competitividad de otros sectores productivos, lo cual debe ser uno de los objetivos prioritarios. La inversión debe orientarse principalmente a reforzar proyectos de desarrollo de contenidos locales, de competitividad y modernización de la PYME y cadenas productivas específicas, al gobierno electrónico, a programas de educación, al desarrollo de bases de información con una democratización del acceso equitativo y equilibrado de todos los sectores sociales y regiones del país. Esta demanda, todavía no suficientemente atendida, puede constituirse, con políticas gubernamentales adecuadas, en un enorme impulso para la industria del software en cada país. Debe, además, aumentarse la inversión en programas de formación, ya que el crecimiento del sector es muy rápido en los países estudiados.

14. Los programas de apoyo a la formación de nuevas empresas de base tecnológica, como la creación de incubadoras y semilleros, no han tenido mayor impacto, aunque hay que considerar que son, todavía, iniciativas muy recientes en los países analizados. La poca efectividad de estos programas tiene que ver con la ausencia de capitales de riesgo, las dificultades de acceso al financiamiento de la banca tradicional, la inexistencia de redes de apoyo efectivas, las trabas administrativas, la precariedad de los mecanismos de vinculación con las universidades, y, en definitiva, con la inexistencia de un verdadero sistema nacional de innovación. Los altos costos de inversión que exige la instalación de incubadoras, y su poca efectividad e impacto (salvo, tal vez, en el caso de incubadoras en TI), impulsan a no recomendar de manera inmediata la alta asignación de recursos a estos programas, al menos en los casos de países con sistemas de innovación poco consolidados, donde se requiere concentrar los escasos recursos públicos principalmente en acciones con una efectividad más probable. Iniciativas como las de incluir cursos de formación empresarial en los programas de formación profesional universitarios, de facilitar la movilización de profesores e investigadores hacia la industria, de consolidar redes de apoyo tecnológico, de crear unidades de vinculación universidad-empresa (ubicadas preferiblemente en las empresas), de simplificar los trámites del estado, de fortalecer el sistema de patentes, de completar el sistema financiero nacional, de crear fondos de capital de riesgo, por ejemplo, parecen más prioritarias y efectivas, a la hora de racionalizar la inversión.

15. La cooperación internacional puede tener un rol importante en el desarrollo y la integración regional, con la formulación de políticas globales y programas regionales en el área de ciencia y tecnología, más allá de los convenios específicos con cada país. Las recomendaciones que surgen de este trabajo llevan a considerar, como un factor clave, el establecimiento de acciones que tiendan a complementar y aprovechar las fortalezas y desarrollos específicos de cada país en áreas determinadas. Por ejemplo, sería recomendable el establecimiento de centros de I+D de excelencia, de centros de capacitación técnica, de postgrados, programas de formación y de becas regionales, en áreas específicas, seleccionadas a partir de las fortalezas ya desarrolladas en cada país, con el objetivo de no duplicar esfuerzos, aprovechar las capacidades existentes en cada país y fortalecerlas, optimizar la inversión y fomentar el intercambio científico y tecnológico en la región,

casi inexistente. Otro requerimiento inmediato, es el de programar una agenda de intercambio y discusión en torno a las políticas y experiencias de desarrollo en ciencia y tecnología y en tecnologías de información. El establecimiento de sistemas de información regionales, para apoyo tecnológico, conformando redes entre los distintos fondos existentes, y desarrollando un observatorio de la competitividad regional, sería otra iniciativa productiva. La creación de fondos de capital de riesgo para la región podría ser promovida e impulsada a partir de la acción del banco. En sectores específicos, y atendiendo a las oportunidades de desarrollo de la región, sería necesario lanzar programas regionales en biotecnología y alrededor de las tecnologías de información, particularmente en este caso, complementando capacidades en torno al desarrollo de contenidos. Una dimensión todavía no abordada por la cooperación internacional y en particular por el BID o el BM, tiene que ver con el impulso de programas para la internacionalización de las empresas competitivas de cada país, el apoyo a la integración de la oferta y la demanda en la consolidación de mercados regionales, el apoyo a la constitución de alianzas estratégicas y asociaciones productivas internacionales, la vinculación de redes de apoyo tecnológico en la región, y otros, que contribuirían con los objetivos de impulsar el desarrollo armónico de la región.

16. El trabajo realizado permitió desarrollar una metodología que podría ser replicada en todos los países de la región, lo que permitiría una perspectiva global para orientar las políticas de cooperación. La encuesta elaborada, en función de la revisión preliminar y la tipificación de problemas o nudos críticos, resulta una herramienta adecuada para los países como los incluidos en este estudio, donde existe una cierta capacidad, en términos de talento humano, infraestructura, productividad científica, inversión nacional, políticas públicas específicas de desarrollo, y una institucionalidad con ciertas fortalezas ya consolidadas en gestión y ejecución de programas de ciencia y tecnología, incluyendo experiencia con proyectos del BID. En función de diagnósticos preliminares, la misma debería ser modificada y adaptada a los países con un nivel diferente de capacidades y desarrollo, para que pueda ser aplicada. Asimismo, la experiencia realizada permite perfeccionar el instrumento para futuras aplicaciones. Por ejemplo, la encuesta puede ser simplificada, para facilitar su comprensión y respuesta, y se sugiere orientarla por sectores, elaborando instrumentos diferenciados para los sectores públicos, académicos y productivos, con percepciones e intereses distintos, frente

a los mismos escenarios. Por otro lado, se recomienda profundizar el estudio de los países considerados en este trabajo, en el cual sólo se incluyeron algunos testimonios de actores relevantes, con el fin de recoger apreciaciones generales que complementaron la información recopilada inicialmente. En este sentido, se sugiere perfeccionar la encuesta, y enviarla a una muestra representativa de los sectores públicos, académicos y privados en cada país, lo que permitiría cuantificar los resultados en términos estadísticos y recopilar una información muy valiosa como base para detectar fortalezas y debilidades, fijar prioridades y orientar las políticas y acciones específicas en cada caso. La encuesta realizada y el análisis de la misma busca incorporar información de algunos expertos reconocidos en la materia, y no pretende dar un carácter sistemático al estudio realizado.

Ciencia y Tecnología para el desarrollo.
Los Sistemas Nacionales de Ciencia, Tecnología e Innovación de: Chile, Colombia, Uruguay y Venezuela.

1. Introducción

Los desarrollos teóricos iniciados por Joseph A. Schumpeter en 1939, introducen el concepto de innovación como factor primordial en los cambios de los ciclos económicos, en un proceso de destrucción creativa que caracteriza al modelo capitalista. En su concepto, la innovación se basa en el desarrollo científico y tecnológico, es impulsada por la oferta desde el sector empresarial y cuenta con un agente activo en la figura central del "emprendedor".

Desde entonces, las teorías han cambiado, esforzándose por brindar explicaciones sobre el concepto de innovación, su papel y sus efectos en el desarrollo económico. El modelo schumpeteriano dio paso al estudio evolucionista de los paradigmas tecnológicos y a la idea (criticada, sin embargo) de la instalación, a finales del siglo XX, a nivel mundial, de la "Nueva Economía", el nuevo supuesto paradigma basado en las tecnologías de información, el uso intensivo del conocimiento y la globalización de los mercados.

Un paradigma no es sólo un nuevo conjunto de industrias y productos, sino que implica una nueva lógica en los procesos productivos, redefiniendo las condiciones de competitividad empresarial, e introduciendo nuevos modelos de organización y gestión que no se limitan al sector productivo, sino que se extienden hacia todos los sectores sociales. En la "Nueva Economía", la competitividad de un país depende, en gran medida, de su capacidad innovadora.

El concepto de Innovación se ha profundizado. No es ya considerado un hecho aislado, que surge solamente a partir de iniciativas de emprendedores visionarios que aprovechan exitosamente los desarrollos científicos y tecnológicos, sino un proceso complejo inscrito en la dinámica de lo que ha dado en llamarse el Sistema Nacional de Innovación (SNI), concepto donde se integran componentes de los niveles macro, meso y micro de la economía que hacen posible el surgimiento y aplicación de las innovaciones tecnológicas, y su impacto en el desarrollo económico y social del país. El éxito de iniciativas innovadoras depende, dentro de este enfoque sistémico, de entramadas condiciones del entorno económico y político, nacional e internacional, de las políticas, estrategias y condiciones legales, de las capacidades sociales, del funcionamiento socio institucional y de las relaciones entre redes de actores de distintos sectores de la sociedad.

Según la definición de la OCDE, un sistema de innovación está constituido por una red de instituciones, de los sectores públicos y privados, cuyas actividades establecen, importan, modifican y divulgan nuevas tecnologías. Se trata, entonces, de un conjunto de agentes, instituciones y prácticas interrelacionadas, que constituyen, ejecutan y participan en procesos de innovación tecnológica.

En los países desarrollados, los SNI no han surgido de manera formal o institucional, sino que se han instalado progresivamente a partir de las prácticas económicas y sociales implementadas a lo largo de su historia, producto, según la concepción evolucionista de la innovación, de sucesivos paradigmas tecnológicos. La Innovación, en estos países, surge en correspondencia con el desarrollo de las fuerzas productivas y de las relaciones sociales de producción. Esto quiere decir que la conceptualización y fortalecimiento de los SNI del primer mundo se realiza, a nivel de políticas y programas de los gobiernos nacionales, como un hecho a posteriori, a fin de potenciar y mejorar la capacidad innovadora y los sistemas ya de hecho instalados y funcionando.

En los países de América Latina y el Caribe, a la zaga en el desarrollo, con escenarios de pobreza, desigualdad marcada en la distribución de la riqueza, pobres indicadores de educación y salud, debilidades institucionales, bajo desarrollo de las fuerzas productivas, alta dependencia económica y otros gravísimos problemas, los SNI se han instalado, por el contrario, primero, de manera formal, existiendo solamente, en el mejor de los casos, como una meta a alcanzar enunciada en los planes y políticas de los gobiernos nacionales. A pesar de que en muchos de estos países existen iniciativas puntuales exitosas, la intervención del Estado es fundamental para crear las condiciones necesarias que hagan posible la instalación de un ambiente propicio, procesos generalizados de Innovación y la inserción competitiva del país dentro de los escenarios internacionales.

No obstante la industrialización intensificada durante la época de "sustitución de importaciones", desplazada actualmente por las políticas mayormente generalizadas de "liberación de mercados", América Latina, en general, ha estado prácticamente aislada y excluida del paso al nuevo paradigma económico. A pesar de que, en esta región, las debilidades institucionales y la inestabilidad económica y política hacen muy difícil el escenario de la Innovación, las experiencias de otros países, como los de China y el sudeste asiático, indican que es posible lograr, en un relativo corto plazo, un acelerado crecimiento económico si se implantan políticas y estrategias nacionales audaces. Sin embargo, esta experiencia de algunos países del sudeste asiático, indica, por otro lado, que no hay que perder de vista que el mismo escenario que permite este crecimiento (la globalización, la liberación de los mercados, el acceso a la información y a la tecnología desarrollada en otras regiones), hace que los países sean más vulnerables frente a desigualdades, inestabilidades y cambios en la economía internacional, los cuales se propagan rápidamente en el sistema global a pesar de la aparente eficacia de las estrategias y de los procesos locales de innovación a escala nacional o regional.

En este trabajo, se seleccionaron cuatro países de América Latina: Chile, Colombia, Uruguay y Venezuela, con el objetivo de evaluar las experiencias recientes en las áreas de ciencia, tecnología e innovación, en cuanto a políticas vigentes, caracterización institucional, planes y programas, buscando detectar los principales obstáculos, dificultades y nudos críticos para la implementación de las políticas, y las iniciativas y prácticas más exitosas, todo esto con el fin de proponer recomendaciones que permitan reorientar las políticas en estos países. A tal fin, se realizó una revisión de la situación en cada país, complementada con entrevistas y encuestas dirigidas a actores relevantes del sector.

Los criterios de selección de los países, se basan en los elementos siguientes:
• Países con políticas públicas, planes actuales y cierta capacidad en Ciencia y Tecnología, así como con perspectivas de desarrollo en Tecnologías de Información y Comunicación (TIC).
• Países con experiencia en la ejecución de proyectos financiados por multilaterales en Ciencia y Tecnología, así como con perspectivas de continuación de otros proyectos en el área.
• También se tomó en cuenta que los valores del PIB per cápita fueran similares, y cercanos al promedio de América Latina y El Caribe.
• En Venezuela se desarrolló una experiencia exitosa en el período 1999-2001, a partir de la creación de un Ministerio de Ciencia y Tecnología, por lo que uno de los objetivos es revisar detenidamente esta experiencia y compararla con otros países de la región.

Al igual que en otros países de la región, las iniciativas que buscan la inserción en los nuevos paradigmas económicos, propios de la Sociedad del Conocimiento, son muy recientes en Chile, Colombia, Uruguay y Venezuela (finales de los noventa), y comienzan con un proceso principalmente formal y enunciativo, a nivel político e institucional, de sistemas nacionales (de ciencia, tecnología e innovación) que, en la práctica, no tienen un sustento suficientemente enraizado en el desarrollo de la fuerza y organización productiva, social e institucional necesarias para garantizar su funcionamiento. En todos estos países existen, sin embargo, iniciativas puntuales innovadoras y circuitos exitosos de innovación, pero no así verdaderos SNI: las bases de redes y relaciones donde se sistematicen y generalicen procesos de innovación.

Warner, en 2000, introdujo una medida estandarizada para evaluar la innovación: el índice de innovación. En América Latina, este índice tiene valores negativos, con un promedio de -0.99. En USA y Finlandia, a título comparativo, alcanza un valor de 2.02, con un promedio para los países más industrializados de 0.89, y para Corea del Sur, de 0.33. En este contexto, el índice de innovación para Colombia se estimó en -1.10, y para Venezuela, en -1.22. En un trabajo del BID, se propone, en 2001, una clasificación en tres categorías de los países de la región, tomando en cuenta el grado de desarrollo de sus SNI. En un primer grupo de países relativamente avanzados se encuentran Argentina, Brasil, Chile, México y Venezuela. En un segundo grupo, caracterizado por una capacidad nacional significativa en C y T, se encuentran Colombia, Costa Rica, Uruguay y el Caribe de habla inglesa. El resto de los países de la región integran un tercer grupo que exhibe muy pobres, y a veces ausentes, políticas, instituciones e inversiones en C y T. (Ref: Melo Alberto, "The innovation systems of Latin America and The Caribbean", Inter-American Development Bank, BID, Research Department, Working Paper #460, agosto 2001).

Los obstáculos para instalar escenarios propicios para la Innovación en América Latina, son producto de una situación compartida con numerosos países del tercer mundo. Se pueden citar, entre múltiples obstáculos existentes en mayor o menor grado en los países citados: la inestabilidad política y económica, el bajo nivel educativo de la población en general, la poca utilización, subutilización o desempleo del escaso talento humano altamente capacitado existente, la debilidad institucional en el sector del Gobierno, la poca demanda de ciencia y tecnología por parte del sector empresarial y también del sector gobierno, la insuficiente capacidad de desarrollo científico y tecnológico acompañada de subutilización de la oferta existente, la insuficiente vinculación de la oferta con la demanda social y económica, el bajo desarrollo de redes de cooperación institucionales, productivas, sociales y , en general, el bajo desarrollo del capital social.

En particular, los empresarios de estos países, especialmente en las PYMES, lucen poco dispuestos a activar procesos que requieren inversión en la formación de su personal, en la modernización de su capacidad tecnológica y en su organización, en el establecimiento de asociaciones y alianzas con otras empresas, en estudios para adaptarse a los nuevos mercados y acciones para ingresar en los nuevos modelos económicos, para abaratar costos, aumentar la calidad de los productos y lograr una producción competitiva. En general, para establecer procesos de innovación. Esta situación, y las dificultades para el acceso al financiamiento, explican la poca demanda del sector en ciencia y tecnología, y en los servicios de asistencia existentes, a pesar de que existe una cierta oferta nacional, con distintos niveles en cada país, en aspectos de financiamiento y apoyo tecnológico.

El problema principal no parece residir sólo en la falta de inversión pública para enfrentar estos obstáculos. Un ejemplo de ello ha sido la inversión en Ciencia y Tecnología, que, aunque en los casos analizados, de Chile, Colombia, Uruguay y Venezuela, puede considerarse baja (la UNESCO recomienda un 2% del PIB como mínimo de inversión anual y los países desarrollados invierten alrededor del 3%, o más), lo cierto es que, durante largos años, tampoco se apreció un significativo impacto del gasto público efectuado, ni un retorno apreciable en indicadores que demostraran su incidencia concreta en la solución de problemas específicos ni en el desarrollo económico y social de cada uno de estos países.

En los cuatro países objeto de este trabajo, con mayor o menor grado, la inversión en Ciencia y Tecnología ha sido importante para fortalecer la oferta y la consolidación de un mínimo de capacidades humanas e infraestructura necesarias para desarrollar procesos de investigación y desarrollo. En Chile, Colombia, Uruguay y Venezuela, existe actualmente una oferta apreciable y las políticas vigentes en estos países reconocen la necesidad de continuar fortaleciéndola, pero, también, de aprovecharla en procesos de innovación y desarrollo productivo competitivo, con impacto a corto plazo en la solución de problemas del entorno social.

Sin embargo, las políticas orientadas a fortalecer, de manera global, los sistemas nacionales de ciencia, tecnología e innovación, siendo realistas, sólo podrán dar resultados a mediano o largo plazo, como se desprende de los resultados de este estudio. Como parte de este trabajo, sin pretender realizar un análisis exhaustivo de los Sistemas Nacionales de Chile, Colombia, Uruguay y Venezuela, se resumen algunas observaciones acerca de la caracterización de los mismos. La información completa se encuentra recopilada en los otros cuatro volúmenes que acompañan este trabajo.

La educación primaria, secundaria y técnica a niveles básicos, es fundamental en la preparación de la población para lograr un desarrollo social más equilibrado y sostenible, que fortalezca tanto la fuerza de trabajo como las capacidades de absorción de conocimiento y la consolidación del capital social. Esta mención debe incluir los niveles de educación universitaria y profesional. Las políticas nacionales de educación en cada país deben ser articuladas con las de ciencia, tecnología y competitividad, en esta perspectiva de desarrollo. Los alcances de este trabajo se refieren a las políticas y logros en Ciencia, Tecnología e Innovación, por lo que un detallado análisis de la situación del sector educativo, en particular a niveles de educación primaria, secundaria y de formación para el trabajo, escapan a sus objetivos.

La revisión efectuada permitió identificar las dificultades comunes, presentes en estos países, que obstaculizan el desarrollo de procesos de innovación y llegar a algunas conclusiones y recomendaciones para la formulación de políticas, que tiendan, tanto a la consolidación a mediano o largo plazo de los Sistemas Nacionales de Ciencia, Tecnología e Innovación, como a la identificación de las ventajas y oportunidades específicas de cada país, con la propuesta de proyectos concretos, para el logro de resultados de impacto de corto plazo.

Las conclusiones de este trabajo apuntan a subrayar que la situación de retraso y exclusión, en mayor o menor grado, de los países de la región, exige de los gobiernos nacionales la necesidad de innovar en la formulación de políticas, estrategias y esquemas de gestión pública novedosos y creativos, que permitan, si no la consolidación inmediata de un verdadero Sistema Nacional de Innovación, (que dadas las circunstancias actuales, como ya se ha comentado, es una meta de mediano o largo plazo), el aprovechamiento estratégico de las ventajas comparativas y fortalezas del país, para desarrollar sectores de oportunidad y fortalecer circuitos innovadores, ya existentes o potenciales, a nivel nacional, con el fin de competir en los mercados regionales y globales a corto plazo, y lograr un rápido impacto en la reactivación de la economía, el crecimiento productivo, la creación de empleos y la mejora de la calidad de vida de la población. Las medidas globales que buscan impulsar los SNI deben continuarse, pero deben también implementarse políticas que fortalezcan iniciativas y proyectos concretos, que puedan dar resultados más inmediatos.

Asimismo, se evidencia la conveniencia de motivar una más activa participación de los organismos multilaterales a nivel regional, con la propuesta de programas que tiendan a complementar las capacidades y fortalezas de los distintos países, a apoyar la cooperación científico tecnológica y la capacidad de internacionalización de las empresas competitivas, para contribuir con la integración y el fortalecimiento de los mercados regionales.

En la segunda, tercera parte y cuarta sección de este texto, se resumen los principales rasgos del contexto económico y social, y de la situación de los indicadores en ciencia y tecnología, y en tecnologías de información y comunicación (TIC), en Chile, Colombia, Uruguay y Venezuela, ubicándolos en el entorno regional. En las secciones 5, 6, 7 y 8, se resumen los aspectos generales de la caracterización de los sistemas de ciencia, tecnología e innovación en esos países. En la sección 9 se incluye un cuadro resumen comparativo, con conclusiones generales de esta revisión preliminar, incluidas en la sección 10. El material presentado en estas secciones, es un resumen de la información recopilada en los volúmenes de cada país que acompañan este trabajo, donde se encuentra, en forma más extensa, la caracterización de cada sistema nacional. A partir de esta revisión preliminar, se elaboró una lista de problemas típicos, que se incluye en la sección 11, y se diseñó una encuesta (Anexo), instrumento enviado a personas elegidas en cada país, y que permitió, junto con un conjunto de entrevistas realizadas en visitas a los cuatro países, complementar la caracterización preliminar efectuada. La encuesta realizada y el análisis de la misma busca incorporar información de algunos expertos reconocidos en la materia, y no pretende dar un carácter sistemático al estudio realizado. En la sección 12 se resumen las consideraciones y testimonios recogidos con esta metodología, agrupados, para cada país, en cuatro renglones: principales nudos críticos, experiencias exitosas, recomendaciones generales y conclusiones. Finalmente, en la sección 13 se proponen algunas consideraciones finales y recomendaciones.

2. Contexto económico y social

El nivel de desigualdades, a nivel mundial, en la distribución de la riqueza es sumamente importante. Algunos datos que dan idea de la situación actual, son los siguientes:

- El ingreso del 1% más rico de la población mundial equivale al del 75% más pobre.
- El 10% más rico de la población de USA (25 millones de personas) tiene tantos ingresos como el 43% más pobre de la población mundial (2000 millones de personas)
- La relación entre los ingresos del 5% más rico del mundo y los del 5% más pobre es de 114 a 1.

En este contexto, América Latina y el Caribe han empeorado su situación, si se compara el nivel promedio de ingresos per cápita de la región (en términos de paridad del poder adquisitivo, o PPA), en comparación con el nivel promedio de los países de la OCDE, pasando de algo menos de la mitad, a algo menos de un tercio, en el período 1975-2001.

Para el 2000, el PIB per cápita de la región era de US $ 7.234, contra US $ 23.569 en los países de la OCDE En el mismo período, las regiones del sureste asiático aumentaron su nivel promedio de ingresos per cápita, de 1/14 a más de 1/6, con relación a los países de la OCDE, mientras que en los países de Africa subsahariana disminuyó apreciablemente. (Ref: "Informe sobre Desarrollo Humano 2001" PNUD, 2002).

La región presenta graves problemas de competitividad en el contexto mundial. Esto no es sorprendente, ya que, en los 90, el crecimiento promedio de los países en América Latina y el Caribe fue sólo de un 3.3 %, frente a la situación del Este Asiático (5.1%), el Oriente Medio (4.0%), o el resto de Asia (5.2%).

Después de la década perdida de los 80, los indicadores de productividad y crecimiento en la región mejoraron un 2% durante los 90. Sin embargo, el desempeño de la región es muy pobre en el contexto mundial: en términos de ingreso per cápita, todas las regiones exhiben indicadores mejores, salvo los países más pobres de Asia y África. (BID. "Competitiveness: The Business of Growth: Economic and Social Progress in Latin America", Washington DC, 2.001).

En América Latina, cerca del 50% de la población vive por debajo de la línea de pobreza, el 60% de los niños es pobre, el habitante promedio no tiene más de 5 años de escolaridad, y el 26% de la población carece de agua potable. Es, por otra parte, la región del planeta que exhibe mayores desigualdades sociales: "El 5% de la población de América Latina es dueña del 25% del ingreso nacional. Del otro lado, el 30% de la población sólo tiene un 7,5% del ingreso nacional. Es la mayor brecha social del planeta. Superior aun a la de África, 23,9% vs.10,3%, y muchísimo mayor a la de los países desarrollados, 13% vs.12,8%. Para medir desigualdad se usa con frecuencia el llamado coeficiente de Gini. Cuanto más se acerca a 1, peor es. El de los países más equitativos del mundo, como los nórdicos, está entre 0,20 y 0,25, el de los países desarrollados en 0,30, el promedio mundial, considerado muy malo, en 0,40, el de América Latina es 0,57, el peor del orbe." (Kliskberg B., "Cuestionando mitos y dogmas sobre economía y desarrollo", Universidad Nacional del Zulia, Venezuela, Fondo de Cultura Económica, 2001).

En este contexto, entre los países seleccionados en este trabajo, Chile y Uruguay son considerados dentro del grupo con un alto desarrollo humano (clasificados en los puestos 38 y 40 de un total de 173 países, según el IDH, informe PNUD 2002), y Colombia y Venezuela dentro del grupo de desarrollo humano medio (puestos 68 y 69 según IDH). Recientemente, Venezuela ha sido clasificada dentro del grupo de desarrollo humano alto.

La tabla 2.1 resume algunos indicadores relevantes para caracterizar el contexto económico y social de estos países. Una explicación más detallada se encuentra en los volúmenes correspondientes a cada país que acompañan a este informe.

Indicadores Generales	CHILE	COLOMBIA	URUGUAY	VENEZUELA	AMÉRICA LATINA Y CARIBE
Habitantes (millones, 2003)	15.2	42.1	3.3	24.2	513
PIB per cápita (PPA US$, 2000) PNUD, IDH 2002	9417	6248	9035	5794	7234
Tasa de crecimiento anual del PIB per cápita (%) 1990-2000. PNUD, IDH 2002	4,5	1,1	2,6	-0,6	1,7
Deuda Externa (% PIB):	62.7	48,2	59.3	17	
Inflación (2001):	3.6%	6%	10%	15.8%	
Importaciones de bienes y Servicios (% PIB) PNUD, 2002	31	20	21	17	18
Exportaciones de bienes y servicios. (% PIB) PNUD 2002	32	22	19	29	17
Exportaciones de productos primarios (% del total de exportaciones de mercancías)	81	66	58	91	51
Exportaciones de productos de alta tecnología (% del total de exportaciones de productos manufacturados)	3	7	2	3	16
Exportaciones de productos manufacturados (% del total de exportaciones de mercancías)	16	34	42	9	48
Desempleo	9%	18.7%	15,7%	13.7%	
Crecimiento de competitividad, FEM (2001)	25	65	46	62	
Coeficiente GINI	56.6	57,1	42,3	49.5	58
Valor del Índice de Desarrollo Humano (PNUD, 2000):	0,831	0,772	0,831	0,762	0.767
Índice de Pobreza Humana (%)	4,1	8,9	3,9	8,5	
Población Urbana (PNUD,2000)	85,8%	75%	91,9%	86,9%	75.4%
Densidad Absoluta (hab/km2)	20	40	19	27	
Tasa de alfabetización de adultos (% >de 15 años)	95.8	91.7	97.7	92.6	88.3

Tabla 2.1 Indicadores socio-ecónomicos

3. Indicadores de Ciencia y Tecnología

En el contexto mundial, la región de América Latina se encuentra en una situación muy desfavorable cuando se consideran los indicadores comúnmente aceptados para la evaluación de capacidades en ciencia y tecnología. Estos indicadores muestran que la distribución mundial de la I+D está mucho más concentrada que la riqueza económica, en las regiones dominantes de USA, Canadá, Europa y el sureste asiático, evidenciando la enorme brecha que separa a América Latina de los nuevos paradigmas de la Sociedad del Conocimiento.

Además, dentro del contexto latinoamericano, conformado por 20 países, y una población de más de 500 millones de habitantes, existen marcadas desigualdades.

En cuanto al gasto anual, USA y Canadá, Europa y el Asia industrializada, con menos de la cuarta parte de la población del planeta, concentran el 85% del gasto mundial en I+D (35.8% corresponde a USA y Canadá, 23.5% a Europa, 25.4% a Asia industrial). El 15% restante se realiza en China (5.5%) y América Latina (3%), principalmente. El resto de los países, que representan más del 45% de la población y 15% del PIB mundial, sólo realizan un 6.8% del gasto total en I+D.

La relación entre este gasto y el PIB es como sigue: Europa: 1.7%, Canadá y USA: 2.7%, Asia industrial: 2.9%, China: 0.7%, América Latina: 0.6%, mientras que en el mundo, el gasto en I+D total es de 1.7% del PIB. Los países de la región latinoamericana que realizan mayor inversión anual en C y T, con relación al PIB, son: Brasil (0.87% del PIB), Cuba (0.82%), Chile (0.54%), Argentina (0.45%) y México (0.43%).

En cuanto a las publicaciones científicas, USA y Canadá realizan el 34.2% de la producción mundial; Europa, el 38.6%; el Asia industrial el 11.7%; China, el 2.6%; y América Latina, apenas el 2.2%. En USA, Canadá y Europa se concentran tres cuartas partes de la producción mundial. La producción de Asia industrial no se corresponde con los gastos en I+D, ya que sus actividades se orientan no tanto a las publicaciones científicas, sino al área de desarrollo tecnológico e industrial.

En el contexto latinoamericano, Chile, es uno de los cuatro países, con Brasil, Argentina y México, con los más altos niveles de productividad científica, representando, ellos solos, el 85%, aproximadamente, de la producción regional.

Los intercambios científicos entre las distintas regiones del mundo pueden medirse a partir de las publicaciones conjuntas. En el caso de América Latina, más del 80% de las co-publicaciones se realizan con Europa (49.5%), USA y Canadá (41.1%).

Entre países de la América Latina, el número de publicaciones conjuntas es insignificante. Las dos zonas dominantes, Europa y USA-Canadá, guardan relaciones muy estrechas, realizando más del 54% de sus co-publicaciones internacionales entre ellas mismas. El Asia industrial realiza un 49% de su colaboración científica con USA y Canadá, y 30% con Europa.

En cuanto a la productividad tecnológica, en el sistema de patentes europeo, América Latina representa apenas un 0.3% de la producción total (los países europeos un 45.8%, USA y Canadá un 33.6%, Asia industrial un 16.3%, China, un 0.3%), y en el sistema americano, un 0.2% (los países europeos un 18.7%, USA y Canadá un 51.4%, Asia industrial un 28%, China, un 0.2%).

(Fuentes : "Science and Technologie Indicateurs", Rapport de l'Observatoire des Sciences et des Techniques, ed. 2002, Francia, y "El Estado de la Ciencia. Principales Indicadores de Ciencia y Tecnología Iberoamericanos / Interamericanos 2001", Red Iberoamericana de Indicadores de Ciencia y Tecnología (RICYT), Buenos Aires, 2002).

En el campo educativo, la región presenta una situación crítica. Sólo el 14% de los niños se halla en preescolar, el 50% de los que ingresan en la escuela primaria desertan antes de completar el quinto grado, amplios sectores de jóvenes se hallan fuera de la secundaria y la educación de adultos es muy limitada. La población de América Latina tiene, actualmente, en promedio, sólo 5,2 años de estudios cursados por habitante. La población de Corea, a título comparativo, tiene 9,6 años de estudios cursados por habitante. Un estudio del Banco Mundial indica que "la calidad promedio de la educación primaria es funesta", y marca que "la baja calidad del sistema educativo se refleja en el alto nivel de repetición, uno de los más altos del mundo en desarrollo". (Kliskberg B., "Cuestionando mitos y dogmas sobre economía y desarrollo", Universidad Nacional del Zulia, Venezuela, Fondo de Cultura Económica, 2001).

La tabla 3.1 muestra un resumen de los principales indicadores de Ciencia y Tecnología para los países incluidos en este estudio. Una información más detallada se encuentra en los informes de cada país, que acompañan a este trabajo.

Indicadores en Ciencia y Tecnología	Chile (2000)	Colombia (2000)	Uruguay (1999)	Venezuela (2000)	Total AL y Caribe
Gasto en I+D (% PIB)	0.56	0.24	0.26	0.40	0.54
Gasto público en educación 1995-1997 (% del PNB)	3.6	4.1	3.3	5.2	
Número de investigadores (por 1000 habitantes de PEA)	1.43	0.34	1.8	0.45	0.84
Gasto en I+D por investigador (miles de US$)	45	32.8	24.4	86.4	61.4
Publicaciones en SCI	2277	733	351	1170	28344
Publicaciones por cada millón de US$ de gasto en I+D	6	3.6	6.6	2.9	3.0
Número de solicitudes de patentes	3121 (1999)	1800 (1999)	623	2918	47897
Tasa de autosuficiencia	0.15 (1999)	0.04 (1999)	0.14	0.06	
Tasa de dependencia	5.7 (1999)	24 (1999)	6.2	15.7	3.5
Coeficiente de invención	3.1 (1999)	0.2 (1999)	2.6	0.7	3.8

Tabla 3.1 Resumen de indicadores de C y T en cuatro países (Fuente: El Estado de la Ciencia. Principales Indicadores de Ciencia y Tecnología Iberoamericanos / Interamericanos 2001, Red Iberoamericana de Indicadores de Ciencia y Tecnología (RICYT), Buenos Aires, 2002).

4. Indicadores de Tecnologías de Información y Comunicación (TIC)

Las nuevas tecnologías de información se han revelado una herramienta muy importante para el acceso de los diferentes países a los nuevos paradigmas económicos, en el mundo de la globalización.

La habilidad de una nación para ingresar a estos nuevos esquemas, a la llamada "Sociedad de la Información", depende, en gran medida, de sus capacidades para el acceso a la información y a las tecnologías de información, para su procesamiento, utilización y respuesta competitiva.

Se acepta actualmente que estas capacidades están, por otro lado, relacionadas con la capacidad de innovación y de competitividad de un país, y dependen de numerosos factores, tales como las condiciones sociales y políticas, el nivel educativo de la población, la infraestructura existente para las comunicaciones, etc.

Se han establecido indicadores con la intención de medir el progreso de los distintos países y regiones del mundo, en relación a su posición dentro de la Sociedad de la Información. Algunos indicadores relevantes se muestran en la tabla 4.1.

En un estudio realizado en 2001 por IDC y World Times Inc., se estima el Índice de la Sociedad de la Información de 55 países, con el objeto de calibrar la capacidad de absorber información y tecnología de información en cada uno de ellos. Los valores mostrados en la tabla 1.3 indican el puesto obtenido por algunos países, según el valor de este índice, y corresponden a datos estimados de 2000. Según este estudio, los países se clasifican según cuatro rangos, de acuerdo con su avance en la Sociedad de la Información: "skaters", los más avanzados, seguidos por los "striders", los "sprinters" y los "strollers". En América Latina, ningún país clasifica ni en la primera ni en la segunda categoría. Argentina, Chile, Costa Rica, Panamá, Venezuela, México y Ecuador clasifican en la tercera ("sprinter"), y Brasil, Colombia y Perú en la última. (Ref: Ludovico Bruno, "Measuring the evolution of Information Societies", document # 24652, IDC/World Times Information Society Index 2001; Global IT Economic Outlook, Junio 2001, en www.idc.com).

Indicadores de TI	Argentina	Brasil	Chile	Colombia	Uruguay	Venezuela	AL y Caribe	USA	Mundo
Líneas de teléfonos / 1000 hab (IDH 2002)	213	182	221	169	278	108	147	700	163
Cantidad PC`s c/100 Hab 2001 (ITU)	9	6	11	4	11	5		63	9
Usuarios Internet c/100 hab 2001 (ITU)	9	5	20	3	12	5	0.5	50	8
Número Hosts 10000 hab, 2001 (ITU)	128	96	80	13	211	9		3729	233
Suscriptores celulares c/1000 habitantes (IDH 2002)	163	136	222	53	132	217	121	398	121
Piratería de Software (%) 1999	62	61	53	60	72	62			
% usuarios que han comprado en Internet	31	54	36	38	32	44		68	
Gasto on line en MM de US$ (1999)	15	121	7	7		4			
Ranking en e-bussiness readiness	26	35	23	48		42		1	
Ranking según Índice Sociedad de Información (IDC 2001)	31	45	33	46		39		4	

Tabla 4.1 Indicadores de Tecnologías de Información y Comunicación (TIC)
Fuentes: IDH 2002, ITU 2000, IDC 2001 y www.opinamos.com

Como se observa, América Latina llegó tarde a la revolución de la información, y la brecha con los países desarrollados es todavía enorme. Sin embargo, el crecimiento en los índices de penetración de Internet y de Comercio Electrónico, ha sido muy rápido en los últimos años, aunque grandes desigualdades persisten dentro de la región, e, inclusive, dentro de cada país, donde el acceso a estas tecnologías se concentra, por lo general, en los sectores más favorecidos de la población y en las ciudades más importantes.

En particular, en los países incluidos en este estudio, Chile, Colombia, Uruguay y Venezuela, los respectivos gobiernos han implementado políticas específicas para desarrollar las tecnologías de la información desde finales de los noventa, y es de esperar que los indicadores incluidos en la tabla 4.1 hayan variado favorablemente. Una información detallada se encuentra en los volúmenes correspondientes a cada país que acompañan este informe.

Las políticas destinadas a promover el uso de computadores y de Internet no bastan, en América Latina, para lograr el impacto deseado en la productividad y competitividad de los países. Como se ha comentado, la asimilación y utilización exitosas de estas tecnologías dependen de un entramado de condiciones que las hagan propicias. La coherencia, adecuación y continuidad de las políticas públicas, en aspectos económicos, educativos y sociales que favorecen los procesos de innovación, son factores indispensables para que el progreso hacia la inserción en los nuevos paradigmas económicos sea sustentable. Lamentablemente, la inestabilidad y poca continuidad de las políticas gubernamentales es una característica común a muchos de los países de la región, y la inestabilidad económica, en general, incide en que el gasto público se oriente hacia otras necesidades.

5. Caracterización del SNCTI de Chile

A pesar de que Chile destaca, en el ámbito latinoamericano, tanto por las características de su ambiente macroeconómico, los niveles educativos de la población, los índices de competitividad, sus capacidades en TI y su productividad científica, los indicadores son todavía muy alejados de los que reflejan los países desarrollados o los del sureste asiático, y la consolidación de un Sistema Nacional de Ciencia y Tecnología (enunciado en las políticas de la Comisión Nacional de Ciencia y Tecnología) o de un Sistema de Innovación (según los planes del Ministerio de Economía), se ven dificultados por obstáculos comunes a muchos de los países latinoamericanos: debilidades institucionales, insuficientes capacidades en I+D, poca vinculación entre estas actividades y las demandas del sector productivo, insuficiente capital intelectual de alto nivel, dificultades de financiamiento, dispersión de los recursos invertidos por el Estado, y deficiencias de coordinación entre los distintos actores, organismos, políticas y prácticas que integran los Sistemas.

Entre los indicadores que se pueden mencionar para calibrar la situación de Chile en el contexto latinoamericano en cuanto a las posibilidades de desarrollo de un sistema de innovación, se pueden citar (datos tomados de www.hightechchile.com):

Ocupa el lugar número uno en América Latina, según los analistas de riesgo Moody's, Standard & Poor's, y los bancos de inversión de Wall Street, así como el primer lugar en Latinoamérica y el noveno según el Economic Freedom Report (Heritage Foundation, 2001). En "The Best Places to Do Business" (Economist Intelligence Unit, EIU, 2001), ocupa el primer lugar en Latinoamérica, el cuarto en economías emergentes y el 21, a nivel global. Además, tiene los menores costos en telecomunicaciones en la región (WEF 2001), la mejor clasificación en competitividad económica (IMD Global Competitiveness Report, 2001), las mejores posibilidades para el desarrollo del gobierno electrónico (EIU, 2001), el más alto nivel de calidad de vida en América Latina (International Living, 2000) y la sociedad más transparente (Transparency International, 2001).

En particular, en Chile, las dificultades para coordinar políticas nacionales en ciencia, tecnología e innovación se deben, en parte, a que no son suficientes los actuales mecanismos de alto nivel gubernamental para hacer posible la formulación de políticas, planes, presupuestos y el seguimiento efectivo de las acciones.

En este trabajo se han revisado los principales aspectos que conforman el Sistema Nacional de Ciencia, Tecnología e Innovación Chileno: las condiciones macroeconómicas, las capacidades en comunicaciones y tecnologías de información, en investigación y desarrollo, el marco legal y de incentivos, el marco institucional, las vinculaciones entre las instituciones académicas y científicas con el sector empresarial, los servicios tecnológicos (metrología, normalización, información y asistencia técnica), el régimen de protección a la propiedad industrial, los sistemas de financiamiento y la caracterización del sector empresarial, particularmente las PYMES. A continuación, se incluye un resumen de las observaciones relevantes, producto de esta revisión.

1. Chile posee una de las economías más estables de la región, con un marco sólido de política basada en un tipo de cambio flexible, metas explícitas de inflación y de superávit fiscal estructural, que, en 2001, contribuyó a mantener la estabilidad macroeconómica, el acceso a los mercados de capital y una tasa de crecimiento moderada. El FMI determinó, sin embargo, que la economía nacional crecerá sólo un 2,6% este año (2002), casi medio punto por debajo de la estimación oficial, y que, para el 2003, Chile crecerá un 4,8%, predicción muy por debajo del 6% que el Banco Central proyectaba para el próximo año. A pesar de esto, Chile presenta, a nivel regional, los mejores indicadores de competitividad económica, riesgo-país y fortaleza institucional. El crecimiento económico, sin embargo, todavía se acompaña de grandes desequilibrios a nivel social.

2. La economía de Chile de la última década, se caracteriza por tener mercados cada vez más abiertos y globalizados. Los crecientes procesos de internacionalización y reducciones arancelarias otorgan escaso espacio a la intervención estatal. Sin embargo, estos procesos, junto

con los efectos de los ciclos económicos, han afectado particularmente a las PYMEs, en términos de su eficiencia productiva y competitividad, situación que se traduce, entre otros, en una alta informalidad, endeudamiento y gran heterogeneidad inter e intrasectorial.

3. La inversión nacional anual en I+D ha sido, desde los 90, superior al 0.5% del PIB, inversión todavía insuficiente para las necesidades de desarrollo nacionales y que será necesario incrementar. La inversión del sector privado es muy escasa, representando, para 2000, según estimaciones CONICYT, apenas un 10% de estos montos, aunque éstos podrían estar subestimados, atendiendo a otras fuentes, que ubican la inversión privada en un 17 o 18%. Estos son, de todas maneras, porcentajes muy bajos. Para el 2000, la inversión en ciencia básica es todavía dominante (un 55% del total), con un 32% en ciencia aplicada y apenas un 13% en desarrollo tecnológico, situación que no ha variado mucho desde 1994.

4. La mayor parte de las actividades de I+D se desarrollan en las universidades y centros de investigación. Sólo un 3% de la inversión privada en I+D, se ejecuta en el seno de las empresas. Las actividades de I+D muestran poca vinculación con las demandas del sector productivo nacional. Más del 50% de la inversión nacional se centra en el fortalecimiento de la oferta, de capacidades científico-académicas y actividades de promoción. Además de esto, las capacidades se concentran mayoritariamente en sólo unas pocas regiones del país, donde se ubican las más importantes universidades.

5. En 2000, Chile contaba con 1,43 investigadores por cada 1000 habitantes de P.E.A., lo que es un buen indicador a nivel regional, por encima de Venezuela (0,45), y Colombia (0,34), inferior al de Uruguay (1,8), pero muy por debajo de los niveles de los países desarrollados, como USA, con 13,75 investigadores por cada 1000 habitantes. El número de investigadores ubicados en empresas es inferior al 6% del total. En general, la masa existente de científicos es baja, debido, entre otros factores, a la débil demanda en el sector productivo de científicos entrenados, a los pocos incentivos existentes para promover la carrera

científica y a la baja inversión en formación de PhD y doctores. Los indicadores de productividad científica ubican a Chile dentro de los cuatro primeros países, a nivel regional, pero muy por debajo de la productividad de los países desarrollados y de las economías emergentes de otras regiones.

6. El gobierno chileno ha invertido esfuerzos en el desarrollo de las TI y telecomunicaciones, constituyéndose este sector como uno de los más dinámicos en el contexto económico nacional de los últimos años. A nivel regional, Chile destaca en los logros obtenidos en gobierno electrónico, conectividad, acceso a Internet y desarrollo de contenidos. Sin embargo, el sector empresarial, particularmente el de la PYME, utiliza poco las nuevas tecnologías.

7. No existe un organismo, de alto nivel gubernamental, encargado de formular y coordinar políticas específicas de desarrollo científico y tecnológico. Esto dificulta la formulación de planes coherentes y coordinados, la determinación del presupuesto y el seguimiento y evaluación de la gestión en ciencia y tecnología. Asimismo, se dificulta la evaluación de la efectividad de la inversión pública en estas áreas, y el manejo de la información. Aunque se han dado pasos fundamentales en la coordinación de las acciones del Ministerio de Economía y de la CONICYT, a través de la formulación de programas conjuntos (el Programa de Innovación Tecnológica y el Programa de Desarrollo e Innovación Tecnológica, con apoyo del BID), las actividades se realizan, todavía, a través de las acciones de un conjunto de Fondos autónomos, cuyo funcionamiento es difícil de coordinar, observándose, en algunos casos, duplicación de esfuerzos innecesarios y la dispersión de los recursos invertidos.

8. No existe un marco legal en Chile que regule específicamente las actividades en ciencia y tecnología. Resalta la necesidad de desarrollar incentivos directos a la inversión y realización de actividades de I+D por parte del sector privado. Los únicos incentivos existentes se acuerdan para actividades de formación y donaciones a universidades y centros educativos, sin que estén necesariamente ligadas al desarrollo

científico y tecnológico, o a la vinculación del sector empresarial con el científico-académico.

9. Chile ha tenido algunas experiencias exitosas en iniciativas de vinculación del sector académico-investigativo con el sector productivo, a través de programas de incubadoras de empresas y desarrollo de parques y zonas de alta tecnología.

10. Los organismos de fomento científico y productivo se han centrado en fortalecer la oferta de diversos instrumentos de financiamiento, incluyendo subsidios, créditos y cofinanciamientos. La demanda, por parte del sector empresarial, es muy baja, particularmente en las regiones, donde se hace necesario fortalecer las capacidades del sector empresarial para la formulación de proyectos y acceso a la oferta de instrumentos de fomento y financiamiento. El gobierno chileno, dentro del desarrollo de políticas regionales, ha comenzado a fortalecer la identificación y consolidación de sistemas regionales de innovación.

11. El fomento a la PYME, en Chile, se caracteriza por contar con un gran número de instrumentos de apoyo (más de 100), administrados por más de 10 instituciones públicas. No existe una única "Política de Fomento" hacia el sector, sino programas e instrumentos agrupados básicamente en seis áreas: Financiamiento; Asistencia Técnica; Transferencia e Innovación Tecnológica; Capacitación; Fomento a la Exportación; Asociatividad. Estos programas e instrumentos buscan principalmente resolver fallas de mercado, tienen una orientación a la demanda y buscan ser transversales (no beneficiar a ningún sector en particular).

12. El financiamiento de las actividades de ciencia, tecnología e innovación es asegurado, en su mayor parte, por la oferta del sistema de fondos públicos existente. El apoyo del sistema financiero chileno al financiamiento de proyectos productivos de alto contenido tecnológico se encuentra todavía limitado por el elevado riesgo y los períodos de maduración relativamente largos de estas inversiones, lo que afecta especialmente a las PYMES, por lo que la política tecnológica y crediticia chilena ha enfrentado las fallas en los mercados financieros

a través de diversos instrumentos de financiamiento y apoyo a las PYMES. La CORFO está tratando de movilizar los recursos del sector financiero privado para incentivar sus inversiones en el sector de tecnología, a través de iniciativas de fondos de capital de riesgo y de instrumentos de cofinanciamiento a primas de seguro de crédito para las PYMES.

13. Existe una clara necesidad de coordinar los fondos existentes, o inclusive unificar algunos de ellos, para optimizar la inversión y evitar la duplicación de esfuerzos. Tal es el caso de FONDEF, FONTEC y FDI, por ejemplo, donde se aprecian grados limitados de diferenciación de contenidos, y, también, una posible superposición con el FIA y el FIP. Esta coordinación permitiría la instalación de sistemas de información, seguimiento y evaluación del impacto de los programas y de las inversiones efectuadas por los distintos Fondos, sistemas actualmente inexistentes.

14. Para mantener la competitividad internacional, el gobierno está incentivando, dentro del sistema productivo nacional, la utilización de normas técnicas, la certificación acreditada y el empleo de la metrología, con el fin de mejorar la calidad de los procesos y productos de las empresas. Sin embargo, Chile, en estas materias, se encuentra muy rezagado. No existe todavía una cultura de satisfacción de clientes suficientemente difundida. No se ha logrado, a pesar de los esfuerzos recientes realizados por el Gobierno, constituir todavía un movimiento nacional para la calidad como en otros países, en los cuales éste ha sido un factor decisivo para diseminar prácticas empresariales de excelencia.

15. El régimen de patentes no está bien desarrollado en Chile y es difícil medir los verdaderos resultados de la I&D. El Gobierno chileno ha realizado, sin embargo, esfuerzos pioneros, a nivel regional, en esta materia, actualizando el marco legal sobre propiedad intelectual (incluye la Ley de Propiedad Industrial 19.039 y su reglamento, de 1991) y fortaleciendo el marco institucional: El Departamento de Propiedad Industrial (DPI), perteneciente al Ministerio de Economía de

la República de Chile, es quien desarrolla la actividad administrativa que corresponde al Estado en materia de Propiedad Industrial.

16. Actualmente, la información científica, tecnológica y de innovación tecnológica existente en Chile es imprecisa, desintegrada, no estandarizada y desactualizada y no existen sistemas eficientes para utilizar la información disponible. Por ejemplo, los curricula de los investigadores no están estandarizados, no hay un sistema de actualización y no existen sistemas eficientes para identificar rápidamente quién o quiénes podrían servir para resolver problemas o aprovechar oportunidades científicas, tecnológicas o de innovación tecnológica, ni, menos, para generar iniciativas conjuntas. Tampoco existe información sobre instituciones y empresas que permitan identificar con rapidez potenciales socios o proveedores para iniciativas científicas, tecnológicas y/o de innovación tecnológica conjuntas. Falta, además, información confiable e integrada sobre proyectos y resultados de proyectos y modalidades de acceso rápido a esta información, lo que implica ineficiencia en el uso de recursos, iniciativas aisladas de bajo impacto, entre otras deficiencias. FONDEF-CONICYT ha abierto en 2002, un concurso para establecer un SISTEMA DE INFORMACIÓN EN CIENCIA, TECNOLOGIA E INNOVACION.

En resumen, puede concluirse que las principales deficiencias observadas en el sistema nacional chileno se derivan de la insuficiente coordinación de las políticas, programas e instrumentos de promoción, desarrollo y financiamiento de actividades de ciencia, tecnología e innovación. La oferta proporcionada por los fondos existentes debe complementarse con una profundización de los mecanismos para incentivar la demanda de manera equilibrada en el territorio nacional y fortalecer la vinculación de los sectores de investigación con los sectores empresariales. En particular, la propuesta de incentivos directos a la realización de estas actividades por parte del sector productivo, contribuiría grandemente al fortalecimiento de la demanda.

6. Caracterización del SNCTI de Colombia

El Instituto Colombiano para el Desarrollo de la Ciencia y Tecnología, COLCIENCIAS, adscrito al Departamento Nacional de Planeación (DNP), es el órgano que detenta actualmente la secretaría técnica y administrativa del Sistema Nacional de Ciencia y Tecnología (SNCYT), creado en 1990. En los cuatro primeros años de funcionamiento del sistema (1990-1994), fueron acometidos esfuerzos tendientes a la financiación de proyectos en el área de sistemas de información, fortalecimiento del recurso humano e inversión en infraestructura científica y tecnológica, especialmente. A finales de 1994, mediante el documento CONPES 2739 se aprueba la "Política Nacional de Ciencia y Tecnología 1994-1998", que tuvo por objetivo el fomento del desarrollo científico y tecnológico, como elemento clave de la política de internacionalización de la economía.

Del SNCyT se derivó en 1995 el Sistema Nacional de Innovación (SIN), con el objeto de implementar una estrategia de desarrollo empresarial orientada a la generación de nuevos productos y procesos, a la adaptación tecnológica, a la capacitación avanzada de trabajadores y a la adopción de cambios en la cultura empresarial. Lo anterior, con el propósito de incrementar la productividad y competitividad de las empresas y del sector productivo nacional en su conjunto.

Al SNI, se involucraron nuevos actores como son las empresas, los gremios de la producción, el Sena, la Superintendencia de Industria y Comercio, los centros de desarrollo tecnológico, las incubadoras de empresas de base tecnológica y los centros regionales de productividad, Bancoldex, Proexport, IFI, el Fondo Nacional de Garantías y la banca comercial entre otros.

En 2000, el gobierno presentó un plan para el avance en las políticas, en el que el eje central de sus estrategias está constituido por la articulación y el fortalecimiento del SNCyT. Estas políticas forman parte de un conjunto de estrategias de desarrollo social, económico e industrial que articulan también otros esfuerzos de los distintos Ministerios, como es el caso del Política para la Productividad y la Competitividad (Mincomex), la Política Industrial para una Economía en Reactivación (Mindesarrollo), la Agenda de Conectividad (Mincomunicaciones), entre otros. El diseño de este plan, a su vez, se inscribe en el reconocimiento de las dificultades fiscales del país, que acentúan la importancia de una clara identificación de prioridades para la optimización de la inversión pública.

La política de ciencia y tecnología (2000-2002) tiene tres objetivos generales, que son los de: fortalecer la capacidad del SNCyT, ampliando su acción y repercusión en las dinámicas sociales, económicas y académicas del ámbito nacional y regional, orientar los esfuerzos de consolidación de la capacidad de investigación y generación de conocimiento hacia temas estratégicos y críticos para el desarrollo del país y su competitividad global y fomentar procesos de articulación entre los sectores académico, público y privado, así como de apropiación y uso del conocimiento generado. (tomado de: CONPES, documento 3080, "Política Nacional de Ciencia y Tecnología 2000-2002", Departamento Nacional de Planeación, República de Colombia, Santa Fé de Bogotá, 28 de junio de 2000)

Los programas de ciencia y tecnología, pueden ser de carácter nacional o regional. Con el propósito primordial de ampliar la capacidad nacional de investigación, alrededor de temas de interés para el país, el sistema científico organiza todas sus actividades en once grandes programas nacionales, los cuales se materializan en Proyectos y otras actividades complementarias. Cada programa cuenta con sus respectivos consejos nacionales y comisiones regionales de ciencia y tecnología para su dirección y orientación.

Estos programas son:

- Programa de Ciencias Básicas
- Programa de Ciencias y Tecnología de la Salud
- Programa de Investigaciones en Energía y Minería
- Programa de Ciencia y Tecnología Agropecuaria
- Programa de Desarrollo Tecnológico Industrial y Calidad
- Programa de Ciencia y Tecnología del Mar
- Programa de Ciencias Sociales y Humanas
- Programa de Estudios Científicos en Educación

- Programa de Biotecnología
- Programa de Ciencias del Medio Ambiente y Hábitat

La coordinación y seguimiento de estos programas son ejercidos por el Consejo Nacional de Ciencia y Tecnología, CNCyT, con apoyo de la secretaría técnica de COLCIENCIAS. Sin embargo, las capacidades institucionales y posición de liderazgo de estos organismos, son insuficientes para garantizar su adecuado cumplimiento. En otros países de la región, como en los casos de Venezuela y Brasil, las actividades de planificación y coordinación del sector de ciencia y tecnología se han ubicado al más alto rango ministerial, lo que es un paso importante para avanzar en la consolidación del sistema nacional.

Los objetivos de la Política Científica y Tecnológica del país, concebidas en el marco de la internacionalización de la economía colombiana, apuntan a contribuir con la mejora de las condiciones de competitividad del sector productivo, mediante la incorporación, en sus procesos, de los resultados obtenidos en las actividades de creación de conocimientos y en las labores de innovación y desarrollo de nuevas tecnologías. De igual manera, el país deberá fortalecer su capacidad científica, con la finalidad de mejorar la calidad de la educación y así crear una infraestructura sólida que soporte el desarrollo científico.

(Ref: Organización de Estados Iberoamericanos para la Educación, la Ciencia y la Cultura, OEI, Guía Iberoamericana de la Administración Pública de la Ciencia, Colombia, 1998)
A su vez, está en marcha la Política Nacional de Innovación y Desarrollo Tecnológico, a través de la consolidación del Sistema Nacional de Innovación (SNI), que apoya:

1. La innovación en el sector productivo, a través de redes.
2. Asegura el desarrollo sostenible, basado en la prevención del medio ambiente.
3. El fomento a la innovación, impulsando la creación de condiciones económicas y sociales favorables.

A pesar de los importantes pasos iniciados con la creación del SNCyT y del SNI, y de las políticas formuladas por el gobierno para fortalecer la institucionalidad y el funcionamiento de estos sistemas, se detecta, sin embargo, una falta de integración de las entidades que lo conforman (Universidades, Centros de Desarrollo Tecnológico, Centros de Investigación, sector productivo, Colciencias y los Ministerios).

A nivel del Gobierno Central, participan, en estos sistemas, los Ministerios de Educación, Comercio Exterior, Desarrollo Económico, Agricultura, Salud, Minas y Energía, Comunicaciones y Medio Ambiente, sin que se hayan logrado establecer los mecanismos administrativos adecuados para articular el funcionamiento, la formulación del presupuesto y realizar la evaluación y seguimiento de las políticas y planes en ejecución.

A pesar de la labor efectuada por el Observatorio de Ciencia y Tecnología, los sistemas de información son todavía insuficientes y no permiten un adecuado monitoreo de las actividades. De la misma manera, es necesario fortalecer y articular los mecanismos de financiamiento, de servicios y de apoyo tecnológico.

A pesar de la inversión efectuada en los últimos años para fortalecer las capacidades en Ciencia y Tecnología, éstas son todavía insuficientes y subutilizadas, en relación con las necesidades y prioridades nacionales. Como en otros países de la región, el sector productivo colombiano percibe al sector académico como aislado y alejado de las necesidades reales del empresariado, al concentrarse en proyectos de investigación básica y labores de docencia, mientras que el sector académico no encuentra suficiente apoyo de los empresarios para financiar proyectos de investigación y desarrollo. Los incentivos fiscales que favorecen la participación del sector productivo son de reciente creación, y han contribuido a aumentar la inversión en procesos de innovación. Sin embargo, es necesario profundizar las políticas destinadas a fortalecer la demanda de ciencia y tecnología de manera equilibrada en el territorio nacional.

A nivel regional, Colombia presenta uno de los más bajos índices de crecimiento de la competitividad, ocupando el puesto 65 en un conjunto de 75 países (Índices del Foro Económico Mundial, 2001), ubicándose por debajo de Chile (25), Uruguay (46) y Venezuela (62). Con respecto a los distintos componentes del índice, Colombia ocupa el lugar 66 en la calidad del ambiente macroeconómico (Chile: 21, Venezuela: 53, Uruguay: 63), el 57 según la calidad del ambiente institucional (Chile: 21, Uruguay: 31, Venezuela: 65) y el 56 según su capacidad tecnológica (Chile: 42, Uruguay: 45, Venezuela: 55)

Como se ha comentado, el Gobierno de Colombia ha establecido formalmente las bases del Sistema Nacional de Ciencia y Tecnología, SNCyT, (1990) y del Sistema Nacional de Innovación, SNI, (1995), y se ha esforzado, recientemente, en formular políticas para consolidar el funcionamiento de estos sistemas. Estas políticas incluyen la introducción de incentivos directos para la participación del sector privado. Sin embargo, estos esfuerzos deben ser profundizados para que estos sistemas se concreten de manera efectiva, más allá de constituirse como simples enunciados retóricos.

En este trabajo no pretende ser un diagnóstico exhaustivo, pero se han revisado los principales aspectos que conforman estos sistemas en Colombia: las condiciones macroeconómicas, las capacidades en comunicaciones y tecnologías de información, en investigación y desarrollo, el marco legal y de incentivos, el marco institucional, las vinculaciones entre las instituciones académicas y científicas con el sector empresarial, los servicios tecnológicos (metrología, normalización, información y asistencia técnica), el régimen de protección a la propiedad industrial, los sistemas de financiamiento y la caracterización del sector empresarial, particularmente de las PYMES.
A continuación, se incluye un resumen de las observaciones relevantes, producto de esta revisión.

1. Luego de atravesar, entre 1998 y 1999, por una de las más fuertes recesiones, el país inició un período de reactivación económica que no logró consolidarse durante el 2001. Los avances de reforma para sanear las finanzas territoriales, la política monetaria más relajada a partir del segundo semestre (una vez que la inflación estaba bajo control), la estabilidad del tipo de cambio y la continua baja en las tasas de interés, fueron insuficientes para compensar los efectos del

desfavorable entorno internacional, la precaria situación del sector financiero, la débil recuperación de la demanda interna y el ambiente de inseguridad que vive el país, particularmente agravado por la situación de la guerrilla. En 2002, el nuevo gobierno de Álvaro Uribe inicia una reforma del Estado, que está actualmente en proceso.

2. A nivel regional, Colombia presenta uno de los más bajos índices de crecimiento de la competitividad, ocupando el puesto 65 en un conjunto de 75 países, ubicándose por debajo de Chile (25), Uruguay (46) y Venezuela (62). Con respecto a los distintos componentes del índice, Colombia ocupa el lugar 66 en la calidad del ambiente macroeconómico (Chile: 21, Venezuela: 53, Uruguay: 63), el 57 según la calidad del ambiente institucional (Chile: 21, Uruguay: 31, Venezuela: 65) y el 56 según su capacidad tecnológica (Chile: 42, Uruguay: 45, Venezuela: 55). Por otro lado, el desarrollo de Colombia presenta grandes desigualdades de una región a otra del territorio nacional. Las políticas de desarrollo regional toman en cuenta los potenciales de desarrollo competitivo de los distintos departamentos, siendo los más competitivos los de Bogotá, Valle y Antioquia.

3. La inversión nacional anual en I+D es escasa, y aunque se ha mantenido en niveles superiores al 0,4% del PIB desde el año 97 (indicadores Ricyt), ha venido disminuyendo progresivamente desde el 95. Colombia se encuentra muy por debajo de los valores recomendados por la UNESCO para países en vías de desarrollo (2% del PIB) y de los niveles de los países desarrollados, superiores al 2% y el 3% del PIB. Hasta 1999, casi la mitad de la inversión se destinaba a fortalecimiento de la capacidad nacional en ciencia y tecnología. En 2000, las nuevas políticas del gobierno hacen énfasis en la innovación, la competitividad y el desarrollo tecnológico, con más de un 60% de la inversión. A pesar de la sensible disminución de la inversión del sector público central en actividades científicas y tecnológicas entre 1995 y 1999, los niveles de inversión nacional se han mantenido, por el aumento en actividades de innovación, particularmente del SENA (Servicio Nacional de Aprendizaje).

4. La inversión del sector privado en actividades de ciencia y tecnología, en 2000, ascendería a 48% del total nacional, según estimaciones oficiales, y ha disminuido con relación a años anteriores (en 1997 y 1998 era superior al 60% del total nacional), concentrándose en innovación y desarrollo tecnológico. Estos montos de inversión son insuficientes, si se compara con la situación en países desarrollados, pero representan un buen nivel en el contexto regional, probablemente por la existencia de incentivos directos a la inversión.

5. La mayor parte de las actividades de I+D se desarrollan en las universidades y centros de investigación, principalmente nacionales. Las actividades de I+D muestran poca vinculación con las demandas del sector productivo nacional. Las capacidades existentes se concentran mayoritariamente en sólo unas pocas regiones del país (centro y noroccidente), donde se ubican las más importantes universidades

6. El número de investigadores por cada 1.000 habitantes de la población económicamente activa (P.E.A.), en Colombia, era de 0.34 para 2000 lo que representa, aproximadamente, 6.280 investigadores en una P.E.A. de 18.48 millones de personas, aproximadamente. Este índice es inferior al de Venezuela (0.45), Chile (1.43), Uruguay (1.8), y se ubica muy por debajo de los niveles de los países desarrollados, como USA, con 13.75 investigadores por cada 1000 habitantes. El número de investigadores ubicados en empresas es sólo un 12 % del total. En general, la masa existente de científicos es baja, debido, entre otros factores, a la débil demanda en el sector productivo de científicos entrenados, a los pocos incentivos existentes para promover la carrera científica y a la baja inversión en formación de PhD y doctores.

7. En cuanto a los niveles de productividad científica, el número de publicaciones colombianas en el Science Citation Index (SCI) representa apenas un 3% de la productividad total de América Latina y el Caribe en 2000. Por cada millón de US $ de gasto en I+D. Colombia, presenta, en 2000, una producción superior al promedio de América Latina y el Caribe (de 3 artículos en el SCI), comparable a la de Venezuela (de 2.9 artículos), superior a la de USA (de 1.2 artículos), pero inferior

a la de Chile y Uruguay (de más de 6 artículos). Colombia se ubica dentro de las últimas posiciones, a nivel regional, en cuanto a los niveles del coeficiente de invención, sólo mejorando a los de Paraguay y Guatemala. El bajo coeficiente de invención se corresponde con el alto grado de dependencia tecnológica: más del 85% de las patentes otorgadas en el país, son solicitadas por no residentes (en general, patentes de protección a invenciones ya posicionadas en el extranjero, y no productos realizados en el país).

8. Se considera que en el área de TIC, Colombia se encuentra en el nivel promedio de la región. Se estimaba, para finales del 2001, que el número de usuarios de Internet era de 3%, del total de la población, lo que coloca a Colombia muy cerca de los estándares latinoamericanos. Con la apertura en el sector de telecomunicaciones, se han creado más de 150 empresas prestadoras de servicios durante la década de los 90. Esto se ha traducido en inversiones superiores a los US $ 5.500 millones. El gobierno ha impulsado programas de formación en TIC, de creación de contenidos y de promoción del uso de las nuevas tecnologías, así como el desarrollo del comercio electrónico. Todas las instituciones del gobierno central mantienen sitios Web, con diferentes niveles en la prestación de servicios y trámites en línea.

9. A pesar de los importantes pasos iniciados con la creación del SNCyT y del SNI, y de las políticas formuladas por el gobierno para fortalecer la institucionalidad y el funcionamiento de estos sistemas, se detecta, sin embargo, una falta de integración de las entidades que lo conforman (Universidades, Centros de Desarrollo Tecnológico, Centros de Investigación, sector productivo, Conciencias, Sena, Ministerios, etc). A nivel del Gobierno Central, participan, en estos sistemas, los Ministerios de Educación, Comercio Exterior, Desarrollo Económico, Agricultura, Salud, Minas y Energía, Comunicaciones y Medio Ambiente, sin que se hayan logrado establecer los mecanismos administrativos adecuados para articular el funcionamiento, la formulación del presupuesto y realizar la evaluación y seguimiento de las políticas y planes en ejecución. Un paso importante, sin embargo, ha sido dado con la puesta en marcha del Sistema Nacional de Evaluación

del Plan de Desarrollo, mecanismo que el DNP (Departamento Nacional de Planeación) se esfuerza en implementar y perfeccionar.

10. No existe un único organismo, de alto nivel gubernamental, encargado de formular y coordinar las políticas nacionales de desarrollo científico y tecnológico y de innovación. El Consejo Nacional de Ciencia y Tecnología (CNCyT), con su secretaría técnica, ejercida por COLCIENCIAS y El Consejo Nacional de Política Económica y Social (CONPES), con su secretaría técnica, ejercida por el DNP, son las instancias superiores relacionadas con estas materias, no siendo claros los mecanismos y procedimientos administrativos de formulación de planes y políticas, así como de la coordinación y el seguimiento de las actividades. Un paso adelante para lograr la integración de los sistemas nacionales se ha dado con la adscripción de COLCIENCIAS al DNP, y con distintas medidas que otorgan a COLCIENCIAS competencias para aprobar el otorgamiento de incentivos al sector privado y la inversión y ejecución de proyectos en C y T por parte de las Universidades. Sin embargo, es necesario fortalecer las capacidades institucionales existentes, para que COLCIENCIAS pueda cumplir las funciones previstas, que incluyen un espectro muy amplio en procesos de planificación, coordinación y ejecución financiera. Una alternativa más razonable sería la separación de estas funciones, simplificando el funcionamiento de las instituciones y otorgando más transparencia y agilidad a los procesos. En otros países de la región, como en los casos de Venezuela y Brasil, las actividades de planificación y coordinación del sector de ciencia y tecnología se han ubicado al más alto rango ministerial, lo que es un paso importante para avanzar en la consolidación de sistemas nacionales de ciencia, tecnología e innovación.

11. No existe un marco legal unificado en Colombia que regule orgánicamente las actividades en ciencia, tecnología e innovación, como en el caso de Venezuela, donde se implementó una Ley Orgánica de Ciencia, Tecnología e Innovación. Sin embargo, el SNCyT posee un estatus legal, lo que le otorga un marco inicial para su desarrollo. Resalta, en el medio regional, la existencia en Colombia de incentivos directos a la inversión y realización de actividades de C y T por parte del sector

privado, e incentivos para facilitar el acceso a las nuevas tecnologías de información. Por otro lado, se han creado instrumentos jurídicos que fortalecen el desarrollo de las actividades de innovación, a través del SENA (Servicio Nacional de Aprendizaje), y del comercio y gobierno electrónico, otorgándole valor legal a las firmas y documentos digitales.

12. Colombia ha profundizado recientemente iniciativas orientadas a la vinculación del sector académico-investigativo con el sector productivo, a través de programas de incubadoras de empresas, desarrollo de parques tecnológicos, redes de centros de desarrollo tecnológico, sistemas regionales de innovación e incentivos para la realización de proyectos asociativos. El impacto de estos programas podrá ser evaluado con el tiempo ya que la situación actual es, todavía, de una marcada desvinculación de la oferta con la demanda.

13. Los organismos de fomento científico y productivo se han centrado en fortalecer la oferta de diversos instrumentos de financiamiento, incluyendo subsidios, créditos y cofinanciamientos. La demanda, por parte del sector empresarial, es muy baja, particularmente en las regiones, donde se hace necesario fortalecer las capacidades del sector empresarial para la formulación de proyectos y acceso a la oferta de instrumentos de fomento y financiamiento. Resalta la existencia del Fondo Nacional de Productividad y Competitividad, creado recientemente, para fortalecer la capacidad exportadora de las empresas. A pesar de algunas iniciativas del gobierno, no existen fondos de capital de riesgo funcionando en Colombia.

14. Para fortalecer la competitividad a nivel internacional, el gobierno colombiano está incentivando, dentro del sistema productivo nacional, la utilización de normas técnicas, la certificación acreditada y el empleo de la metrología, con el fin de mejorar la calidad de los procesos y productos de las empresas. Sin embargo, no existe todavía una cultura de satisfacción de clientes suficientemente difundida. No se ha logrado, a pesar de los esfuerzos recientes realizados por el Gobierno, constituir todavía un movimiento nacional para la calidad como en otros países, en los cuales éste ha sido un factor decisivo para diseminar prácticas

empresariales de excelencia, ni tampoco consolidar las redes nacionales de laboratorios y de centros de desarrollo tecnológico, que proporcionan las bases para un sistema nacional de calidad.

15. El sistema de patentes no está bien desarrollado en Colombia, a pesar de que el gobierno colombiano ha realizado, recientemente, esfuerzos para simplificar los trámites y optimizar y automatizar la gerencia del banco de patentes que mantiene la Superintendencia de Industria y Comercio.

16. Actualmente, como en la mayoría de los países de la región, la información científica, tecnológica y de innovación existente en Colombia es imprecisa, desintegrada, no estandarizada, desactualizada y no existen sistemas eficientes para utilizar la información disponible. No existen tampoco sistemas eficientes para identificar rápidamente quién o quiénes podrían servir para resolver problemas o aprovechar oportunidades científicas, tecnológicas o de innovación tecnológica. Tampoco existe información sobre instituciones y empresas que permitan identificar con rapidez potenciales socios o proveedores para iniciativas científicas, tecnológicas y/o de innovación tecnológica conjuntas. Falta, además, información confiable e integrada sobre proyectos y resultados de proyectos y modalidades de acceso rápido a esta información, lo que implica ineficiencia en el uso de los recursos, y la realización de iniciativas aisladas de bajo impacto, entre otras deficiencias. El Departamento Administrativo Nacional de Información Estadística (DANE), inició, en 2001, acciones orientadas a la consolidación del Sistema Nacional de Información Estadística (SNIE), y mantiene un Observatorio de Competitividad. Por otro lado, en agosto de 1999 se instituyó el Observatorio Colombiano de Ciencia y Tecnología (OCyT), destinado específicamente a acumular información, darle valor agregado y producir indicadores acerca del estado y las dinámicas de la ciencia, la tecnología y la innovación en el país.

17. El sector de las micro, pequeñas y medianas empresas en Colombia (MPYMES), proporciona más del 60% del empleo a nivel nacional,

y las PYMES, más del 50% en el sector industrial. Atendiendo a su importancia, en 2000, se promulgó la ley 590 para promover el desarrollo integral de este sector. La inversión de las empresas en I+D, sin importar el tamaño, es muy escasa, con un promedio de inversión del 3% de las ventas. Emplean poco personal altamente capacitado, especialmente las MPYMES, y desarrollan pocos vínculos asociativos con otras empresas y aún menos con el sector científico académico. Pocas de las empresas de este sector pueden calificarse estrictamente como innovadoras (8.7%), aunque la mayoría realiza alguna actividad de innovación, principalmente, en el mejoramiento tecnológico o en cambios en los productos. Las dificultades mayores, en opinión de los empresarios, para establecer procesos de innovación y modernización son los altos costos de estos procesos, las dificultades de financiamiento y el escaso apoyo de las instituciones públicas, así como la incertidumbre en el período de retorno de la inversión en innovación. Los mayores obstáculos para el desarrollo de las PYMES en Colombia, según los empresarios, son: la corrupción de la administración pública, la onerosa y dispendiosa cantidad de trámites, los excesos reglamentarios en la actividad económica, y la indiferencia del Estado hacia la reglamentación y el control de otras áreas de la vida de los negocios y la economía. Por otro lado, opinan que: no existen garantías suficientes para la PYME, el margen de intermediación ha subido, hay escasez de crédito, las tasas de interés son altas, los intentos de simplificación de trámites no han arrojado los resultados deseados, la tributación es alta, hay una gran inestabilidad debido a las frecuentes reformas en el ámbito tributario, las deficiencias de la infraestructura en el país no se han solventado, y se han incrementado los bloqueos de vías por causa de la guerrilla. Otros problemas percibidos como obstáculos para el desarrollo de la PYME son los problemas sociales (altos niveles de violencia, inseguridad, desempleo, difícil acceso a la salud y la educación) y las barreras en las relaciones comerciales.

En resumen, puede concluirse que las principales deficiencias observadas en el sistema nacional colombiano se derivan de: la baja inversión del Estado en C y T, la insuficiencia y subutilización del capital intelectual existente, la desconexión entre la oferta y la demanda, acompañada por una baja demanda e inversión del sector privado en C y T nacional, la ausencia de redes consolidadas de apoyo tecnológico y de información, las deficiencias del sector empresarial para formular y ejecutar proyectos asociativos, con un pers onal insuficientemente capacitado, la debilidad institucional de los organismos que formulan y ejecutan políticas, la insuficiente coordinación de las políticas, programas e instrumentos de promoción, desarrollo y financiamiento de actividades de ciencia, tecnología e innovación y las debilidades en los sistemas de evaluación y seguimiento. A pesar de las políticas formuladas por el Gobierno y las importantes iniciativas que se han impulsado recientemente, el desfavorable entorno internacional, la precaria situación del sector financiero, la débil recuperación de la demanda interna y el clima de inseguridad que vive el país, agravado por la guerrilla, no proporcionan un cuadro propicio para la innovación.

7. Caracterización del SNCTI de Uruguay

Uruguay ha logrado consolidar una cierta capacidad en Ciencia y Tecnología, y es el líder regional en cuanto a los valores del coeficiente de invención, y otros indicadores de productividad científica. Asimismo, exhibe, en el contexto latinoamericano, ciertas ventajas en cuanto al entorno macroeconómico, el ambiente institucional y el nivel educativo de la población. Sin embargo, en cuanto al desarrollo de un sistema de innovación nacional, se encuentra rezagado, con respecto a otros países, como Brasil, Chile, Venezuela y Colombia.

Tradicionalmente, el Consejo Nacional de Innovación, Ciencia y Tecnología (CONICYT), era el organismo encargado de ejercer la rectoría en materia de ciencia y tecnología, y se había dedicado, principalmente, a fortalecer la oferta, la infraestructura y el financiamiento de proyectos en I+D. Recientemente, el Gobierno, atendiendo a los cambios ocurridos a nivel mundial, y a las necesidades de desarrollo del país, ha puesto énfasis en el desarrollo de políticas para apoyar procesos de innovación y el desarrollo de la competitividad. Ejemplo de ello son el Programa de Desarrollo Tecnológico (PDT), resultado de un convenio con el BID firmado en marzo de 2001, y las acciones realizadas para apoyar el desarrollo de las tecnologías de información.

La nueva estructura institucional para la ciencia y tecnología en el Uruguay fue establecida a través de la Ley No. 17.296 del 21 de febrero de 2001. La Dirección Nacional de Ciencia, Tecnología e Innovación (DINACYT), perteneciente al Ministerio de Educación y Cultura, es responsable de coordinar, administrar, ejecutar y evaluar los instrumentos de política relativos a ciencia, tecnología e innovación, contribuyendo al fortalecimiento del Sistema Nacional de Innovación (SNI), así como de promover el desarrollo científico y tecnológico del país, tanto en el ámbito nacional como internacional, potenciando el valor estratégico que representa este sector.

A pesar de algunos indicadores alentadores, en lo que respecta al desarrollo de procesos de innovación, Uruguay se encuentra rezagado en cuanto a la consolidación de un Sistema Nacional de Innovación (SNI), con respecto a otros países estudiados en este trabajo: Venezuela y Chile, particularmente.

Si bien Uruguay ha logrado consolidar una cierta capacidad en Ciencia y Tecnología, y es el líder regional en cuanto a los valores del coeficiente de invención, y otros indicadores de productividad científica, la inversión del sector público es insuficiente, y, del lado de la demanda, la participación del sector empresarial privado es muy escasa. Ni siquiera hay datos organizados y fidedignos sobre las inversiones que realiza este sector en actividades de I+D y, según encuestas recientes, la mayor parte de las empresas incluidas desconocen el nivel de sus inversiones en C y T. Asimismo, no emplean personal altamente calificado, y no desarrollan vínculos asociativos con las Universidades, donde se realizan la casi totalidad de los proyectos de I+D. El mayor porcentaje de la investigación se lleva a cabo en la Universidad de la República, en escasa medida en las universidades privadas y en varios institutos públicos (Instituto de investigaciones Biológicas Clemente Estable, Instituto Nacional de Pesca, Laboratorio Tecnológico del Uruguay, el Instituto Nacional de Carnes, entre otros), así como en empresas estatales.

Reconociendo esta situación y los problemas de competitividad que enfrenta Uruguay, el gobierno, recientemente, se ha esforzado en desarrollar políticas para reforzar la ciencia, la tecnología y la innovación. La reorganización institucional efectuada en 2001, la firma del Proyecto de Desarrollo Tecnológico, que implica un cambio de visión en las políticas de C y T, y la creación de instrumentos nuevos en el contexto nacional, los ejercicios de Prospectiva tecnológica, el Comité Nacional para la Nueva Economía, el Comité Nacional de Calidad, el premio Eureka con el Parlamento Nacional, son algunas de las iniciativas recientes que se han establecido para consolidar el desarrollo de un Sistema Nacional de Innovación (Ref: Ministerio de Educación y Cultura-DINACYT, "Uruguay en la Encrucijada: Visión para la Ciencia, la Tecnología y la Innovación, Una estrategia para construir el futuro", 2002)

En un trabajo realizado en 1998, se realiza una evaluación del sistema uruguayo (Sutz J., "La caracterización del Sistema Nacional de Innovación en el Uruguay: enfoques constructivos", Nota Técnica 19/98, Instituto de Economia da Universidade Federal do Rio de Janeiro - IE/UFRJ, Rio de Janeiro, março de 1998). Muchas de las debilidades detectadas en este trabajo continúan vigentes: debilidad institucional, falta de instrumentos de apoyo a la innovación, falta de definición de políticas de alcance nacional, inexistencia de mecanismos de valoración comercial de resultados de investigación y de incubadoras de empresas, inexistencia de servicios de información para uso empresarial, inexistencia de estadísticas actualizadas de ciencia y tecnología, ausencia o precariedad de capitales de riesgo, capitales semilla y de líneas de créditos para innovación en la banca privada, falta de incentivos y apoyo para la innovación empresarial, excesivo peso del financiamiento externo, débil conectividad y coordinación de los componentes del sistema, entre otros. Estos problemas son, con distintos grados, comunes en la región.

Las nuevas políticas e instrumentos introducidos por el gobierno, aunque orientados a subsanar algunas de estas debilidades, son todavía muy recientes, lo que no permite calibrar su impacto en la consolidación del Sistema Nacional de Innovación.

Sin embargo, se han revisado en este trabajo los principales aspectos que conforman los sistemas nacionales de ciencia, tecnología e innovación en Uruguay: las condiciones macroeconómicas, las capacidades en comunicaciones y tecnologías de información, en investigación y desarrollo, el marco legal y de incentivos, el marco institucional, las vinculaciones entre las instituciones académicas y científicas con el sector empresarial, los servicios tecnológicos (metrología, normalización, información y asistencia técnica), el régimen de protección a la propiedad industrial, los sistemas de financiamiento y la caracterización del sector empresarial, particularmente de las PYMES. A continuación, se incluye un resumen de las observaciones relevantes, producto de esta revisión.

1. En 2001, Uruguay presentó un cuadro de dificultades, producto principalmente, del impacto de la crisis argentina, y de la disminución de la demanda regional, lo que ocasionó una disminución en las exportaciones y aumento del desempleo y de la inflación. A pesar de esto, Uruguay obtuvo, en 2001, el puesto 46 en el índice de crecimiento

de la competitividad en una encuesta en 75 países, del Foro Económico Mundial. Esto lo ubica, regionalmente, muy por encima de Venezuela (62) y Colombia (65), pero por debajo de Chile (25), Costa Rica (35), México (42) y Brasil (44). Por componentes, esta encuesta calificó a Uruguay como sigue: en cuanto a la calidad del ambiente macroeconómico, el puesto 63 (Chile obtuvo el 21, Venezuela el 53 y Colombia el 66), en cuanto a la calidad del ambiente institucional, el puesto 31 (Chile el 21, Colombia el 57 y Venezuela el 65), y en cuanto a la capacidad tecnológica, el puesto 45 (Chile el 42, Venezuela el 55 y Colombia el 56).

2. En la lucha contra la pobreza, Uruguay ha obtenido logros reconocidos por la CEPAL, estando en el grupo de los seis países de la región donde se ha logrado abatir hasta un 10% el número de hogares pobres en los últimos diez años y presentando un coeficiente de Gini inferior al 0,48, lo que indica que es uno de los países donde se observa una mejor distribución de la riqueza en la región.

3. Los indicadores del uso de nuevas tecnologías en Uruguay son también resaltantes en la región, con una penetración de Internet de casi el 10 % de la población (ver tabla 4.1: Colombia y Venezuela tienen alrededor de un 5% y Chile el 4,2%), y con un desarrollo importante de la industria del software, con capacidad exportadora de buen nivel. La industria del software alcanzó, en 2000, exportaciones por el orden de los US $ 79 millones, lo que representa un 60% de la producción de empresas exportadoras y 33% de la producción total del sector. Paradójicamente, el desarrollo del gobierno y del comercio electrónico no ha seguido el ritmo que estos indicadores harían esperar, así como tampoco se ha percibido un impulso de la competitividad nacional en otros sectores.

4. La inversión nacional anual en I+D es muy baja (0,26% del PIB en 1999), inferior a la de Colombia, Chile y Venezuela. Los mayores porcentajes de la inversión son efectuados por medio del sector universitario, seguido por el resto del sector público. El gobierno central ha venido disminuyendo el porcentaje de gastos en este sector desde 1997. Es necesario aumentar los niveles de inversión pública

en ciencia, tecnología e innovación, y garantizar la continuidad de las políticas y programas iniciados actualmente. El peso del financiamiento externo, por otro lado, es muy importante en el sistema Uruguayo, lo que podría hacer peligrar su funcionamiento futuro si el Estado no asegura la continuidad de los fondos necesarios. No se tienen datos oficiales sobre la inversión del sector empresarial en actividades de I+D. Los resultados de algunos estudios indican que la mayor parte de las empresas uruguayas desconocen los montos que invierten en ciencia y tecnología.

5. En 1999, Uruguay contaba con 1.8 investigadores por cada 1000 habitantes de la población económicamente activa. Este es un buen indicador a nivel regional, por encima de Chile (1.35), Venezuela (0.45), y Colombia (0.47), pero muy por debajo de los niveles de los países desarrollados, como USA, con 13.75 investigadores por cada 1000 habitantes. 81.3 % del total de los investigadores se ubica en el sector de educación superior, el 15.7 % en el sector gobierno, y sólo un 3% en las empresas. En general, en cuanto al nivel educativo de la población, Uruguay presenta un cuadro ventajoso con relación al entorno regional, ya que más del 34% de la población tiene más de diez años de escolarización, con sólo un 3% de analfabetismo.

6. La mayor parte de las actividades de I+D se desarrollan en las universidades y centros de investigación nacionales y, particularmente, en la Universidad de la República donde se concentran más del 80%.

7. En cuanto a los niveles de productividad científica, en 2000 se produjeron 351 publicaciones en el SCI, lo que representa, apenas, un 0.036% de la producción mundial y un 1.24% de la producción total de América Latina y el Caribe. Por cada millón de US $ de gasto en I+D, Uruguay presenta una producción de más de seis artículos en el SCI, muy superior al promedio de América Latina y el Caribe (de 3). El impacto de las publicaciones científicas uruguayas, medido por la cantidad de citas recibidas por publicación, superó la media mundial en un 6% en el período 1994-1998, siendo un 70% de las citas de autores de USA, Canadá y Europa.

8. Las solicitudes de patentes de los residentes uruguayos han ido en constante disminución, al tiempo que se han incrementado las solicitudes de los no residentes. La tasa de dependencia ha ido aumentando, de 2.3 en 1995 a 6.16 en 1999 y el coeficiente de autosuficiencia ha ido disminuyendo, de 0.3 en 1995, a 0.13 en 1999. El coeficiente de invención, a pesar de haber disminuido (de 4.3 en 1995 a 2.6 en 1999), es uno de los mejores de la región, inferior al de Brasil y Chile (3.1), pero superior al de Venezuela (0.5) y Colombia (0.2).

9. Hasta hace muy poco, Uruguay no contaba con políticas, instrumentos, ni instituciones específicas para el fortalecimiento y apoyo de procesos de innovación. Las políticas de ciencia y tecnología estaban enfocadas principalmente hacia el sector académico, en el fortalecimiento de la oferta y la infraestructura de I+D. Con el programa PDT, apoyado por el BID, se introduce en 2001 un giro importante en la orientación de las políticas hacia el aprovechamiento de áreas de oportunidad, con la introducción del programa nacional de prospectiva y nuevos instrumentos, el fortalecimiento de la demanda, la vinculación de la oferta con la demanda y el apoyo a la innovación, la competitividad y la calidad.

10. No existe un único organismo, de alto nivel gubernamental, con competencias específicas para la formulación de políticas, coordinación y rectoría del Sistema Nacional de Innovación. Los organismos encargados de formular y coordinar las políticas nacionales de desarrollo científico y tecnológico y de innovación son la Dirección Nacional de Ciencia, Tecnología e Innovación, DINACYT, perteneciente al Ministerio de Educación y Cultura, y el CONICYT. Sin embargo, no están claras las vinculaciones con otros entes que también generan políticas, como el Comité Nacional para la Sociedad de la Información, la Comisión Sectorial de Investigación Científica (CSIC) de la Universidad de la República, los Ministerios de Industria, Ganadería, etc., y los otros componentes del sistema. En otros países de la región, como en los casos de Venezuela y Brasil, las actividades de planificación y coordinación del sector de ciencia y tecnología se han ubicado al más alto rango ministerial, lo que es un paso importante

para avanzar en la consolidación de sistemas nacionales de ciencia, tecnología e innovación.

11. No existe un marco legal unificado en Uruguay que regule específicamente las actividades en ciencia y tecnología, como en el caso de Venezuela, donde se implementó una Ley Orgánica de Ciencia, Tecnología e Innovación. Resalta, en Uruguay, la existencia de incentivos tributarios para sectores industriales, recientemente para la industria del software, y para el establecimiento de empresas exportadoras en zonas francas. Existe una ley de PYMES y tratamientos tributarios específicos para este sector. No existen, sin embargo, incentivos específicos para la innovación aunque se ofrecen incentivos fiscales para las actividades de I+D, que han sido poco utilizados por el sector empresarial. Tampoco se cuenta con un marco legal para el desarrollo del comercio electrónico.

12. Uruguay ha profundizado recientemente iniciativas orientadas a la vinculación del sector académico-investigativo con el sector productivo, a través de programas de incubadoras de empresas (no existentes hasta el año 1999), el establecimiento de polos de desarrollo tecnológico, instrumentos de financiamiento para la realización de proyectos asociativos, etc. El impacto de estos programas podrá ser evaluado con el tiempo ya que la situación actual es, todavía, de una marcada desvinculación de la oferta con la demanda.

13. Hasta hace poco tiempo, Uruguay no contaba con instrumentos específicos para el financiamiento de iniciativas de innovación tecnológica en el sector empresarial. Uruguay carece de fondos de capital de riesgo, de capital semilla y de líneas de créditos para proyectos de innovación tecnológica en la banca pública. El FINTEC, con financiamiento del BID, tuvo problemas de ejecución, por falta de promoción y escasa demanda del sector empresarial. El PDT profundiza en el ofrecimiento de nuevos instrumentos para proyectos de innovación. LA CND y el CONICYT, en 2001, firmaron un acuerdo para crear instrumentos de apoyo destinados a las pequeñas y medianas empresas con proyectos innovadores en materia tecnológica. La importancia del financiamiento

exterior en estas iniciativas puede ser un problema para la continuidad de los programas. Por otro lado, la mayor parte del financiamiento empresarial uruguayo proviene de la banca privada, que no cuenta con instrumentos específicos para la inversión en innovación tecnológica. En el caso de las pequeñas y micro empresas, las restricciones al acceso al crédito son mayores, ya que deben pagar mayores tasas de interés y no cuentan con las garantías necesarias. Las PYMES utilizan en mayor medida los programas del Banco de la República (BROU). En las encuestas realizadas, el factor del acceso al financiamiento es uno de los principales problemas que afectan al sector empresarial en Uruguay.

14. El sistema uruguayo de acreditación, normalización, certificación, calibración y ensayo (SUANCEE), es de muy reciente creación (1997), por lo que se requieren esfuerzos importantes para consolidarlo. Existe un Premio Nacional de Calidad, para estimular la competitividad de las empresas, otorgado anualmente desde 1991. Sin embargo, desde el punto de vista empresarial, las dificultades en establecer prácticas de calidad según estándares internacionales, radican en los costos directos e indirectos de financiamiento. Salvo el PDT, no existen instrumentos específicos de financiamiento público para atender este requerimiento.

15. A pesar de los esfuerzos realizados, el sistema de patentes es todavía débil en Uruguay. El proceso de tramitación es lento y la DNPI (Dirección Nacional de Propiedad Industrial) presenta dificultades de presupuesto y de ausencia de personal calificado. Los sistemas de información no están actualizados, ni se han modernizado para facilitar el acceso al público. Además de que el número de patentes nacionales es escaso, el sector empresarial uruguayo no utiliza, en general, el sistema de patentes como una herramienta de extensión tecnológica y de apoyo para procesos de innovación.

16. Los sistemas de información constituyen un aspecto crítico en Uruguay. Inclusive la obtención de los indicadores básicos en actividades de I+D se dificulta, y, a nivel regional, Uruguay se encuentra a la zaga en la producción y mantenimiento de estos indicadores. Existen sistemas

de información, regionales y nacionales, para uso empresarial, pero éstos tienen, principalmente, un carácter comercial, y no tecnológico. No existen redes, constituidas como tales, a nivel nacional, sectorial o regional, que proporcionen un sistema de apoyo tecnológico, asistencia técnica, información, etc. para las actividades de ciencia, tecnología e innovación. Sin embargo, las políticas gubernamentales recientes, establecen la necesidad de crear, fortalecer y mantener estas redes.

17. El sector empresarial uruguayo está constituido por un 84% de microempresas, un 12.7% de pequeñas empresas, un 2.7% de medianas empresas y un 0.6% de grandes empresas. Del personal ocupado, un 25.5% corresponde a la microempresa, un 21.3% a la pequeña empresa, un 20% a la mediana empresa y un 33.2% a la gran empresa. El sector de las PYMES uruguayas, en general, presenta un bajo dinamismo en procesos reales de innovación, similar al de la mayoría de los países de la región, con muy poca inversión en actividades de I+D, con poca disposición a vincularse con otras empresas nacionales y con universidades y centros de investigación del país, y con un bajo porcentaje de personal altamente calificado. Las inversiones en innovación de procesos y productos, en general, se vinculan con la adquisición y adaptación de tecnología foránea y con la asociación con empresas extranjeras. Puede distinguirse la existencia, sin embargo, de empresas de uso intensivo de conocimiento, y de "Circuitos de innovación" puntuales, que quedan aislados o reducidos dentro del marco de un sistema y de políticas de innovación nacionales todavía no consolidadas: innovación en sanidad animal (con la producción de la vacuna contra la fiebre aftosa), en bioingeniería (Uruguay tiene una de las poco más de diez empresas que a nivel mundial fabrican marcapasos electrónicos a través del Centro de Construcción de Cardioestimuladores del Uruguay, CCCU), en la modernización del sector textil-lanero en el área de tops (lana lavada y peinada), y en el sector de informática, particularmente con el control de ruteo de vehículos.

En resumen, puede decirse que el Sistema de Ciencia y Tecnología y el Sistema de Innovación, en Uruguay, están en una etapa de definición y consolidación. El marco macroeconómico, político y social del país puede considerarse, dentro del entorno regional, relativamente ventajoso para el desarrollo de las políticas en esta materia que han sido recientemente implementadas por el gobierno. Es necesario aumentar los niveles de inversión pública, y asegurar la continuidad y sostenimiento de los programas implementados. Asimismo, el fortalecimiento institucional y el desarrollo y promoción de incentivos e instrumentos adecuados para apoyar la modernización del estado y la competitividad del sector empresarial, son condiciones necesarias para lograr alcanzar los objetivos deseados. Los mecanismos de vinculación y coordinación entre los distintos componentes de los sectores públicos, académicos y privados, deben fortalecerse y mantenerse a través de una estructura que permita coordinar y hacer seguimiento a los planes y programas en ejecución.

El desarrollo y ejecución de políticas públicas adecuadas, y de instituciones capaces de implementarlas, podrían brindar un marco adecuado para potenciar los circuitos de innovación existentes, los cuales son, hasta ahora, experiencias aisladas y puntuales, que podrían aprovecharse, potenciarse, y ser replicados, en beneficio de otros sectores de desarrollo y procurando una mejor calidad de vida para la población.

8. Caracterización del SNCTI de Venezuela

Según la definición de la OCDE, un sistema de innovación está constituido por una red de instituciones, de los sectores públicos y privados, cuyas actividades establecen, importan, modifican y divulgan nuevas tecnologías. Se trata, entonces, de un conjunto de agentes, instituciones y prácticas interrelacionadas, que constituyen, ejecutan y participan en procesos de innovación tecnológica.

En Venezuela, el Ministerio de Ciencia y Tecnología, MCT, fue creado, en agosto de 1999, con la función primordial de consolidar el Sistema Nacional de Ciencia, Tecnología e Innovación (SNCTI), enfatizando el hecho de que tal sistema debe proveer el ambiente y los recursos necesarios para la creación, circulación y utilización del conocimiento en la sociedad, en sentido amplio. Se entiende innovación, en este caso, no sólo en el ámbito de los procesos por los que las empresas adquieren el dominio de diseños de nuevos productos, nuevas formas de organización o procesos, llevándolos a la práctica, sino también en el ámbito de lo social, e incluyendo el sector de la administración pública.

Con la ley orgánica de Ciencia, Tecnología e Innovación, aprobada en 2001, el antiguo CONICIT desaparece. Sus funciones de organismo rector pasan al Ministerio de Ciencia y Tecnología, ente al que se le asignan las competencias de ejercer la rectoría del SNCTI, y se establece un fondo que permite ejecutar las políticas definidas desde el MCT. Este fondo es el Fondo Nacional e Ciencia, Tecnología e Innovación, FONACIT, que se constituye como órgano ejecutor financiero, a nivel nacional.

En este trabajo se han revisado los principales aspectos que conforman el SNCTI venezolano, para el momento de la realización de este estudio: las condiciones macroeconómicas, el marco legal y de incentivos, los organismos públicos que administran y coordinan a las instituciones de ciencia y tecnología, las capacidades en comunicaciones y tecnologías de información y en investigación y desarrollo, las instituciones de formación de personal, principalmente universidades y postgrados, las vinculaciones entre las instituciones académicas y científicas con el sector empresarial, los servicios tecnológicos (metrología, normalización, información y asistencia técnica), el régimen de protección a la propiedad industrial, los sistemas de financiamiento y la caracterización del sector empresarial, particularmente las PYMES. A continuación, se incluye un resumen de las observaciones relevantes, producto de esta revisión.

1. Los indicadores macroeconómicos del país, que se encontraban en proceso de recuperación en 2000-2001, dieron paso, en 2002, a una situación inestable, enmarcada por una crisis política. A partir de 2002, Venezuela ha vivido un proceso de deterioro político, social y económico sin precedentes, presentando progresivamente un cuadro dramático a nivel mundial, todo esto a pesar de haber ocurrido en un lapso en el cual el barril de petróleo, principal fuente de riqueza en Venezuela, superó los 100$. Las acciones dirigidas por el gobierno han desmantelado el aparato productivo, y han producido una disminución significativa de la actividad científica, tecnológica y académica.

2. Algunos índices en ciencia y tecnología han mejorado en los últimos años, evaluados en 2002. Sin embargo, las actividades de I+D se realizan fundamentalmente en universidades y centros públicos, con poca vinculación con el sector empresarial y la sociedad. La inversión en Ciencia y Tecnología, es insuficiente, con poca participación del sector privado. La inversión se reparte muy desigualmente en el territorio nacional, concentrándose, principalmente, en las regiones donde se ubican las principales universidades y centros de investigación, en las zonas norte-occidentales del país. La aplicación de los principios establecidos en la Ley Organica de Ciencia, Tecnología e Innovación (LOCTI de 2001), deben contribuir a superar esta situación de insuficiencia de recursos.

3. El país logró un cuadro optimista, en cuanto a la utilización y a las capacidades de desarrollo en tecnologías de información y comunicación en 2000-2001. Esta perspectiva no se ha podido retomar a los mismos niveles en años posteriores.

4. El capital humano, en Venezuela, es de nivel intermedio. El promedio de educación de la fuerza de trabajo es de sexto grado de primaria.

El recurso de alto nivel es poco empleado por el sector empresarial, particularmente por la PYME. Un gran esfuerzo debe concentrarse en la formación de investigadores (actualmente, se estima un total de 0.45 investigadores por cada mil personas) y en la educación a todo nivel.

5. En los últimos años se ha hecho un esfuerzo por desarrollar un marco legal y normativo acorde con las necesidades de desarrollo del país. Existen, actualmente, instrumentos jurídicos modernos y novedosos, que proporcionan un marco adecuado a los procesos de innovación. Sin embargo, para implementar su aplicación, es necesario realizar un enorme esfuerzo en el desarrollo de una institucionalidad, la mejora profunda del sector público, y la consolidación de un capital social, que lo permita. Para 2007, este marco legal se encuentra de nuevo en profundo proceso de transformación.

6. La administración pública presenta grandes debilidades a nivel institucional. Los índices de competitividad del Foro Económico Mundial, en lo que se refiere a la calidad del ambiente institucional, sitúan a Venezuela, para el 2001, en el puesto 65, en un estudio de 75 países. Los Ministerios, y las instituciones públicas en general, han iniciado un proceso de modernización en la gestión, en los servicios de información y atención al usuario y en los procesos de evaluación y seguimiento. El proceso no es fácil, ya que en los últimos años, se ha reformado de maneras sucesivas el Estado, acarreando la reestructuración y agrupamiento o separación y recreación de varios Ministerios y la creación de una nueva institucionalidad. En particular, entre los Ministerios relacionados con el SNCTI, destacan el de Producción y Comercio, responsable de la política industrial del país, el de Finanzas, el de Planificación y Desarrollo y el de Relaciones Exteriores. En sucesivas transformaciones, el Ministerio de Producción y Comercio ha dado paso a los ministerios de Industria Ligera, Industrias Básicas y Minería, Agricultura y Tierras, Alimentación, Turismo, Comercio Exterior, Economía Social, e inclusive uno de Zonas Especiales para el desarrollo (ZEDES) La relación y el trabajo conjunto entre Ministerios es particularmente difícil, lo que dificulta la necesaria coordinación de las políticas sectoriales. Los Ministerios

continúan siendo, pesadas instituciones burocráticas, en general poco eficientes, con poca capacidad de ejecución, corrupción, poca transparencia en la toma de decisiones y baja confiabilidad, de acuerdo con la opinión pública generalizada. También presentan dificultades para la integración de trabajos interinstitucionales conjuntos.

7. Las Instituciones de Educación Superior en Venezuela deben también someterse a un proceso necesario de reformas para incrementar su calidad. En particular, no mantienen políticas suficientemente efectivas en las actividades de I+D. Las acciones emprendidas para vincular sus actividades con el sector empresarial y la sociedad en general, a pesar de algunas experiencias exitosas, se han revelado insuficientes.

8. Las instituciones y centros de investigación del país, a pesar de contar, en muchos casos, con un cierto nivel de infraestructura y personal altamente calificado, presentan bajos índices de productividad, tanto si se atiende a indicadores de productividad científica, como si se evalúa el área tecnológica y de servicios. La calidad, el nivel y la actuación de estas entidades es heterogénea. Al lado de Instituciones como el IVIC (Instituto Venezolano de Investigaciones Científicas), que ha mantenido un nivel de prestigio nacional e internacional, o INTEVEP (Instituto Tecnológico Venezolano del Petróleo) con un alto desempeño, se encuentran casos como el del INIA (Instituto Nacional de Investigaciones Agropecuarias), que se deterioró apreciablemente, o el del CIEPE (Fundación Centro de Investigaciones del Estado para la Producción Experimenta Agroindustrial), que presenta una productividad muy baja a todo nivel. La mayoría de estas instituciones no tienen unidades ni personal especializado para la negociación y la transferencia tecnológica, actividades que se realizan, en el mejor de los casos, de manera informal, resultando en una pobre vinculación con el sector productivo.

9. Existe un desarrollo desigual de las capacidades de ciencia y tecnología en el interior del país. Las mayores capacidades se concentran en las zonas norte-occidentales, donde se ubican, también, las principales universidades y centros poblados del país. La zona de Guayana, donde

paradójicamente se concentra una gran parte del potencial industrial y productivo nacional, se encuentra muy por debajo de los niveles deseados, en cuanto a capacidades y actividades de investigación, desarrollo tecnológico e innovación.

10. El FONACIT es el organismo público que asegura una gran parte del financiamiento en el área de Ciencia, Tecnología e Innovación. A pesar de los esfuerzos realizados, con su creación a partir del CONICIT, el cual ya tenía logros en sus treinta años de historia, es necesario mejorar su eficiencia y agilidad en la ejecución de los programas que mantiene. El fortalecimiento y crecimiento de esta institución debe acompañarse de una adecuada integración y coordinación con el resto de las instituciones que ejecutan programas de financiamiento en el área de Ciencia, Tecnología e Innovación. En esto se incluyen, no sólo los Consejos de Desarrollo Científico y Humanístico (CDCH), Fundayacucho y otros entes que atienden al sector universitario, sino, también, los componentes del Sistema Financiero Público Nacional, que dependen de otros Ministerios, así como los diferentes fondos regionales.

11. El acceso al financiamiento sigue siendo una de las principales trabas para las actividades de innovación. Las instituciones de apoyo público existentes son todavía altamente burocráticas e ineficientes. Nuevas instituciones e instrumentos han sido creados, como las sociedades de capital de riesgo, y el sistema de garantías para las PYMES, pero resta consolidar su funcionamiento, con una eficiente capacidad administrativa, para que rindan el servicio esperado. Sin embargo, las bases de un sistema público capaz de financiar las actividades de CTI están creadas y podrían llevarse adelante.

12. La demanda de ciencia y tecnología nacional, por parte del sector productivo, es insignificante, y, en general, no emplean recursos humanos de alto nivel. La mayoría de las empresas no cuentan con unidades de I+D, ni practican mecanismos de vinculación con los sectores científicos y académicos, valorando muy pobremente el potencial nacional.

13. El sistema de incentivos para promover la participación del sector privado en actividades de I+D, y de innovación tecnológica, debe ser fortalecido, en particular, para incentivar la inversión del sector empresarial en estas actividades, la inserción de personal altamente calificado en el sector productivo y la vinculación con el sector académico y de investigación nacional.

14. El régimen de protección a la propiedad intelectual, a nivel de las leyes nacionales vigentes y a nivel institucional, se encuentra desactualizado. Actualmente, responde al marco de acuerdos y requerimientos internacionales. Los procesos de adjudicación de patentes son lentos, difíciles y costosos. La información relativa al registro de patentes, además de estar desactualizada, no se divulga adecuadamente, lo que impide su explotación y aprovechamiento a nivel nacional.

15. Actualmente, se realiza un esfuerzo por consolidar el sistema de calidad nacional, gracias a la introducción de un nuevo y más adecuado marco legal. El proceso de certificación es voluntario, y no existen indicadores confiables que permitan evaluar la situación de las empresas nacionales frente a los patrones de calidad nacional e internacional, pero el número de certificaciones otorgado por FONDONORMA ha ido en incremento. A pesar de que muchos laboratorios nacionales han sido certificados, especialmente en el área petrolera, no se ha consolidado una red nacional de laboratorios que permita garantizar la calidad de los productos nacionales. Tampoco existen mecanismos claramente establecidos para verificar el cumplimiento de las normas de calidad en los productos nacionales introducidos al mercado.

16. Los servicios de información son una de las principales debilidades detectadas en el SNCTI. La información está desactualizada, es incompleta, poco confiable y de difícil acceso para los usuarios del Sistema. Esto dificulta la elaboración de indicadores y la orientación de las políticas adecuadas para fortalecer el Sistema, así como la evaluación y el seguimiento en la ejecución de las políticas.

17. Existen en Venezuela numerosos organismos e instituciones, tanto públicos como privados, que brindan apoyo al sector empresarial, particularmente a la PYME, ofreciendo asistencia técnica, información, formación, acceso a financiamiento, asesorías en la modernización, desarrollo tecnológico, consultorías, etc. Sin embargo, es necesario evaluar esta oferta, muy heterogénea, certificar la calidad de sus servicios, y coordinar sus acciones, a través de la consolidación de redes a nivel nacional y regional, para lograr un mayor impacto y aprovechar el potencial existente actualmente. Por otro lado, es necesario incentivar la demanda de estos servicios, por parte del sector empresarial, actualmente muy baja.

18. El sector industrial se ha declarado, en 2002, en estado de emergencia, especialmente, el sector de las PYMES. Numerosas empresas han cerrado, y las restantes, tienen más del 50% (70% en una encuesta de FEDEINDUSTRIA, un organismo gremial) de su capacidad instalada ociosa. Elevar la competitividad de las PYMES, y su productividad, requerirá un enorme esfuerzo y la adecuada implementación de políticas públicas que generen un entorno propicio a la innovación. En particular, los empresarios venezolanos de las PYMES lucen poco conscientes de las necesidades de activar estos procesos, que requieren inversión en la formación de su personal, en la modernización de su capacidad tecnológica y en su organización, en el establecimiento de asociaciones y alianzas con otras empresas, en estudios para adaptarse a los nuevos mercados y acciones para ingresar en los nuevos modelos económicos, para abaratar costos, aumentar la calidad de los productos y lograr una producción competitiva. En general, para establecer procesos de innovación. Esta situación contribuye significativamente con la poca demanda del sector en ciencia y tecnología, y en los servicios de asistencia existente, a pesar de que la oferta es considerable.

Con base en este diagnóstico, puede resaltarse, que existen bases para desarrollar y consolidar un Sistema Nacional de Ciencia, Tecnología e Innovación. En efecto, el marco legal y normativo y los servicios de financiamiento y de apoyo existentes, son adecuados para lograr la utilización de la oferta y las capacidades nacionales en ciencia y tecnología, actualmente escasamente aprovechadas, en función del desarrollo de la productividad del sector empresarial y del país. Sin embargo, las decisiones políticas emanadas del alto gobierno, indican que la importancia de la ciencia, la tecnología y la innovación, así como la inserción del país en la Sociedad del Conocimiento, no son prioritarias y posiblemente no sean compartidas ni entendidas por el alto gobierno.

Se hace necesario la intervención del Estado, y una mayor participación del sector empresarial, para formular e implementar una política industrial que pueda aprovechar el potencial de la industria petrolera para activar las pequeñas y medianas empresas en cadenas productivas aguas arriba y aguas abajo, canalizando, también, una política de compras del Estado que se abra hacia este sector. La política industrial debe implementarse de manera de permitir el fortalecimiento de las grandes empresas, elevando su productividad a niveles más competitivos internacionalmente, e incentivando las demandas de servicios y de producción de PYMES nacionales alrededor de ellas.

En su inicio las políticas del MCT fueron concebidas en la dirección de lograr que la ciencia y la tecnología se constituyeran en motores del desarrollo económico y social del país. En función del diagnóstico efectuado, se derivaron las acciones prioritarias emprendidas por el MCT en el país durante el período de 1999-2001.

Dada la necesidad de cerrar las brechas existentes con acciones aceleradas, es necesario implementar, junto con la necesaria planificación de mediano y largo plazo, estrategias de corto plazo, con resultados visibles y de impacto. No se pueden afrontar los costos (políticos, económicos y sociales) de un proceso que implique primero crear fortalezas y capacidades, para después actuar. La gestión pública debe innovar, encarar riesgos, emprender iniciativas de corto y largo aliento, aprendiendo de las experiencias exitosas en otras regiones, para evitar en lo posible los fracasos, y aprovechando las estrategias de "aprender haciendo", para consolidar el tejido socio-institucional nacional, a través de la acción. El objetivo es afianzar el capital social y construir un piso posible para el funcionamiento del SNCTI. A partir del diagnóstico realizado, la mayor deficiencia observada es, en realidad, la falta de articulación existente, a nivel nacional y regional, a nivel público y privado, a nivel intra e inter institucional, en los niveles macro, meso y micro de la economía, entre todos los elementos que están llamados a sustentar la actuación del Sistema Nacional de Ciencia, Tecnología e Innovación. Este es el gran reto a enfrentar.

En este sentido, desde la creación del MCT se fijaron áreas de desarrollo estratégico inmediato (sin abandonar aspectos de vital importancia, como el desarrollo de la oferta, en general, y el fortalecimiento de otras áreas, incluyendo las que tradicionalmente han recibido apoyo, como las ciencias básicas), con el objetivo de lograr resultados de impacto a corto plazo. Se concentraron esfuerzos, principalmente, en las áreas de Tecnologías de Información y Comunicación (TIC), Energía y Agroalimentación. En estas áreas, se busca, y se inició con gran fortaleza, la formulación y ejecución de proyectos concretos, para atender problemas específicos de la realidad nacional. Los resultados alcanzados, en el corto plazo de dos años, muestran que se pueden conseguir éxitos tempranos, en circuitos de innovación específicos, y, al mismo tiempo, a más largo plazo, ir consolidando las capacidades de un real SNCTI.

9. Resumen de las dificultades y caracterización de los SNCTI en los cuatro países.

Los resultados de la revisión efectuada se resumen en la tabla 9.1. En ella se incluye un resumen de las dificultades que deben ser superadas para consolidar los Sistemas Nacionales de Ciencia, Tecnología e Innovación.

Componente del sistema	CHILE	COLOMBIA	URUGUAY	VENEZUELA
Condiciones macroeconómicas	Chile posee una de las economías más estables de la región, con un marco sólido de política basada en un tipo de cambio flexible, metas explícitas de inflación y de superávit fiscal estructural, que, en 2001, contribuyó a mantener la estabilidad macroeconómica, el acceso a los mercados de capital y una tasa de crecimiento moderada. Para 2002 se prevé una disminución del crecimiento, producto de la situación internacional. Presenta, a nivel regional, los mejores indicadores de competitividad económica, riesgo-país y fortaleza institucional. El crecimiento económico, sin embargo, todavía se acompaña de desequilibrios a nivel social.	Recesión entre 1998 y 1999. Se inició una reactivación económica que no logró consolidarse en 2001. Avances de reforma para sanear las finanzas territoriales; control de la inflación, la estabilidad del tipo de cambio y la continua baja en las tasas de interés, fueron insuficientes para compensar los efectos del desfavorable entorno internacional, la precaria situación del sector financiero, la débil recuperación de la demanda interna y el ambiente de inseguridad, particularmente agravado por la guerrilla. A nivel regional, Colombia presenta uno de los más bajos índices de crecimiento de la competitividad, ocupando el puesto 65 en 75 países; por debajo de Chile (25), Uruguay (46) y Venezuela (62).	En 2001, Uruguay presentó dificultades; producto del impacto de la crisis argentina, y de la disminución de la demanda regional, con disminución en las exportaciones y aumento del desempleo y de la inflación A pesar de esto, Uruguay obtuvo el puesto 46 en el índice de crecimiento de la competitividad del FEM, por encima de Venezuela (62) y Colombia (65). En la lucha contra la pobreza, Uruguay esta en el grupo de los seis países de la región donde se ha logrado abatir hasta un 10% el número de hogares pobres en los últimos diez años y presentando un coeficiente de Gini inferior al 0.48.	En 2002, el país enfrenta el cuadro de una crisis fiscal, y de insuficiente liquidez en el sistema financiero nacional. Están presentes las consecuencias de la reciente devaluación, acompañada de inflación y de la consecuente pérdida del poder adquisitivo, y se inician efectos perversos de un control de cambio.
Marco legal e incentivos	No existe un marco legal específico para brindar apoyo a procesos de ciencia, tecnología e innovación, ni para el desarrollo del comercio electrónico Se requiere establecer el sistema de incentivos para la participación del sector privado en el SNCTI. Los únicos incentivos fiscales existentes son para actividades de formación.	El SNCyT posee un estatus legal. Resalta la existencia de incentivos directos a la inversión y realización de actividades de C y T por parte del sector privado. Existen instrumentos para fortalecer la participación del sector privado en ciencia, innovación, comercio y gobierno electrónico.	No existe marco legal unificado para brindar apoyo a procesos de ciencia, tecnología e innovación. Resalta la existencia de incentivos tributarios para sectores industriales; reciente para industria del software, y para el establecimiento de empresas exportadoras en zonas francas. Existe una ley de PYMES y tratamientos tributarios específicos para este sector. No existen, sin embargo, incentivos específicos para la innovación aunque se ofrecen incentivos fiscales para las actividades de I+D, que han sido poco utilizados por el sector empresarial. Tampoco cuenta con un marco legal para el desarrollo del comercio electrónico.	Marco legal de muy reciente creación, moderno y adecuado para brindar apoyo a procesos de innovación. Sin embargo, es necesario profundizar el desarrollo de la institucionalidad adecuada para permitir su implementación. Se requiere fortalecer el sistema de incentivos para la participación del sector privado en el SNCTI.

Componente del sistema	CHILE	COLOMBIA	URUGUAY	VENEZUELA
Organismos públicos que gestionan políticas relacionadas con el SNCTI	Dificultades de coordinación. No existe un único organismo, de alto nivel gubernamental, encargado de formular y coordinar las políticas nacionales Duplicación de esfuerzos, dispersión de recursos .Calidad del ambiente institucional: puesto 21 en 75 países, según índices del FEM. Los sistemas y metodologías de evaluación de la gestión pública en Chile fueron pioneros	No existe un único organismo, de alto nivel gubernamental, encargado de formular y coordinar las políticas nacionales de desarrollo científico y tecnológico e innovación. Dificultades de coordinación. Debilidad institucional. En 2002 se inicia un proceso de reforma del Estado	Nueva definición en 2001. No existe un único organismo, de alto nivel gubernamental, encargado de formular y coordinar las políticas nacionales Dificultades de coordinación. Debilidad institucional y conflictividad en los liderazgos.	Ente Rector: Ministerio de Ciencia y Tecnología (1999) Uso de prospección y agendas. Debilidad institucional en la administración pública. Dificultades de coordinación. Calidad del ambiente institucional: puesto 65 en 75 países, según índices del FEM. Se inició un proceso de modernización en la gestión, en los servicios de información y atención al usuario y en evaluación y seguimiento, en el cuadro de la reforma del Estado y decreto 825 (Internet).
Sector científico y académico	• 70% de las actividades de I+D en Universidades, principalmente en Santiago, Concepción, Valdivia y Valparaíso. • matrícula promedio anual en postgrado de 6.027 estudiantes (cuarto lugar en la región) • Alrededor de 1.35 investigadores por cada mil personas, en el país. • Desvinculación de I+D con el sector productivo. • Poca productividad científica en publicaciones y patentes. • No hay incentivos a la carrera del investigador • Insuficiente financiamiento I+D en universidades.	• 50% de los investigadores del país en las universidades, principalmente en Bogotá, Medellín, Cali, Bucaramanga y Barranquilla -20% inversión nacional en I+D y CyT de universidades • matrícula en postgrado de 47.306 estudiantes. • 0.34 investigadores por mil personas de PEA. • Desvinculación de I+D con el sector productivo. • Poca productividad científica en publicaciones (3% de la productividad regional) y patentes. • bajo coeficiente de invención, alto grado de dependencia tecnológica. más de 85% de las patentes solicitadas por no residentes	• 80% de los investigadores del país en las universidades, principalmente en Universidad de la República • 0.26% PIB inversión nacional en CyT (muy baja) • 47% inversión nacional en I+D y CyT de universidades • 1.8 investigadores por mil personas de PEA. • Desvinculación de I+D con el sector productivo. • Poca productividad científica en publicaciones • bajo coeficiente de invención, alto grado de dependencia tecnológica. • Buenos indicadores dentro de entorno regional.	• 80% de las actividades de I+D en Universidades, principalmente, UCV, USB, ULA, LUZ y UDO. • Alrededor de 0.45 investigadores por cada mil personas, en el país. • Desvinculación con el sector productivo. • No hay políticas y poca inversión (16% de la inversión pública) de I+D en las Universidades. • Poca productividad científica en publicaciones y patentes. • Calidad y nivel de las instituciones de I+D, muy heterogéneos.

Componente del sistema	CHILE	COLOMBIA	URUGUAY	VENEZUELA
Vinculaciones sector académico-científico con el sector empresarial	• Poca vinculación oferta-demanda en I+D • Participación limitada en procesos de vinculación. • No existen unidades de vinculación en funcionamiento en el sector empresarial. • Resultados de poco impacto hasta el momento ya que muchas son iniciativas muy recientes.	• Poca vinculación oferta-demanda en I+D • Participación limitada en procesos de innovación. • Financiamiento del Estado para proyectos asociativos y de vinculación • Sistemas regionales de Innovación	• Poca vinculación oferta-demanda en I+D • Participación limitada en procesos de innovación de empresas. • Políticas e instrumentos muy recientes para incentivar vinculaciones.	• Participación limitada en procesos de innovación. No existen unidades de vinculación en funcionamiento en el sector empresarial. Unidades existentes en centros, parques y universidades caracterizadas por: pocos recursos humanos calificados y financieros; Insuficiente capacidad gerencial. Informalidad, improvisación y gran heterogeneidad en el funcionamiento como interfaz; Resultados de poco impacto; Concentrados en zonas norte-occidentales; No existen en Guayana, importante región productiva.
Metrología y Calidad	• No existe todavía una cultura de satisfacción de clientes suficientemente difundida. No se ha logrado, a pesar de los esfuerzos recientes realizados por el Gobierno, constituir todavía un movimiento nacional para la calidad como en otros países, en los cuales éste ha sido un factor decisivo para diseminar prácticas empresariales de excelencia • Institucionalidad y redes en proceso de crecimiento y consolidación. • Poca información. Ausencia de indicadores acerca de calidad de empresas nacionales	• No existe todavía una cultura de satisfacción de clientes suficientemente difundida. No se ha logrado, a pesar de los esfuerzos recientes realizados por el Gobierno, constituir un movimiento nacional para la calidad, factor decisivo para diseminar prácticas empresariales de excelencia • Institucionalidad y redes en proceso de crecimiento y consolidación. • Poca información. Ausencia de indicadores acerca de calidad de empresas nacionales	• Institucionalidad y redes en proceso de crecimiento y consolidación. • Poca información. Ausencia de indicadores acerca de calidad de empresas nacionales • Premio Anual de Calidad • Altos costos y falta de instrumentos para financiar esquemas de calidad en empresas.	• Sistema nacional muy débil. • Institucionalidad en proceso de creación y consolidación, para cumplir acuerdos internacionales. • Poca claridad en supervisión de calidad y cumplimiento de normas de productos nacionales. • Planes para la creación de redes nacionales de servicios de calibración, metrología, ensayos e inspección. A pesar de que muchos laboratorios nacionales han sido certificados, especialmente en el área petrolera, no se ha consolidado una red nacional de laboratorios que permita garantizar la calidad de los productos nacionales. • Poca información. Ausencia de indicadores acerca de calidad de empresas nacionales

Componente del sistema	CHILE	COLOMBIA	URUGUAY	VENEZUELA
Protección a la Propiedad Intelectual	Marco legal actualizado en 1991. El régimen de patentes no está bien desarrollado en Chile y es difícil medir los verdaderos resultados de la I&D.	Banco de patentes con servicio de información. El régimen de patentes no está bien desarrollado.	• Sistema de patentes todavía débil. Proceso de tramitación es lento. • DNPI: dificultades de presupuesto, ausencia de personal calificado, sistemas de información no modernizados. • Número de patentes nacionales escaso. • El sector empresarial no utiliza el sistema de patentes como herramienta para extensión tecnológica e innovación.	Marco legal desactualizado. Funciona en el marco de acuerdos y requerimientos internacionales. Los procesos de adjudicación de patentes son lentos, difíciles y costosos. La información relativa al registro de patentes, además de estar desactualizada, no se divulga adecuadamente, lo que impide su explotación y aprovechamiento a nivel nacional.
Sistema de Financiamiento	El acceso al financiamiento sigue siendo una de las principales trabas para las actividades de innovación. Es asegurado, en su mayor parte, por la oferta del sistema de fondos públicos existente. El apoyo del sistema financiero chileno a proyectos productivos de alto contenido tecnológico se encuentra todavía limitado. CORFO es ahora una institución de segundo piso. A través de sus fondos, trabaja con el sistema financiero nacional y red de aliados. Iniciativas recientes en fondos de capital de riesgo (CORFO). Necesidad de fortalecer coordinación entre fondos, para evitar duplicación de esfuerzos, dispersión de recursos y consolidar sistema coherente de financiamiento.	Los organismos de fomento científico y productivo se han centrado en fortalecer la oferta de diversos instrumentos de financiamiento, incluyendo subsidios, créditos y cofinanciamientos. La demanda, por parte del sector empresarial, es muy baja, particularmente en las regiones, donde se hace necesario fortalecer las capacidades del sector empresarial para la formulación de proyectos y acceso a la oferta de instrumentos de fomento y financiamiento. No existen fondos de capital de riesgo en el país, a pesar de iniciativas recientes. Resalta la existencia del Fondo Nacional de Productividad y Competitividad, especialmente creado, para fortalecer la capacidad exportadora de las empresas.	Hasta hace poco tiempo, Uruguay no contaba con instrumentos específicos para el financiamiento de iniciativas de innovación tecnológica en el sector empresarial. Uruguay carece de fondos de capital de riesgo, de capital semilla y de líneas de créditos para proyectos de innovación tecnológica en la banca pública. La importancia del financiamiento exterior en las iniciativas recientes puede ser un problema para la continuidad de los programas. La mayor parte del financiamiento empresarial uruguayo proviene de la banca privada, que no cuenta con instrumentos específicos para inversión en innovación tecnológica. Las PYMES deben pagar mayores tasas de interés y no cuentan con las garantías necesarias.	El acceso al financiamiento sigue siendo una de las principales trabas para las actividades de innovación. Las instituciones de apoyo público existentes son todavía altamente burocráticas e ineficientes. Nuevas instituciones e instrumentos han sido creados, como las sociedades de capital de riesgo, y el sistema de garantías para las PYMES, pero resta consolidar su funcionamiento para que rindan el servicio esperado. Sin embargo, las bases de un sistema público capaz de financiar las actividades de CTI están creadas. Es necesario coordinar las actividades de financiamiento del MCT y Universidades con el resto del sistema. Programas del FONACIT. La futura aplicación de la LOCTI 2001 podrá contribuir a la solución de esta insuficiencia.

Componente del sistema	CHILE	COLOMBIA	URUGUAY	VENEZUELA
Servicios de Información, de apoyo tecnológico y asistencia.	• Contradicciones en los datos de las diferentes fuentes. • Información desactualizada e insuficiente. • Casi todos los organismos públicos tienen portales de acceso. Algunos trámites del gobierno están automatizados. • Concurso 2002 de CONICYT para sistema de información.	• Información desactualizada e insuficiente. • Todos los organismos públicos a nivel central tienen portales de acceso. Algunos trámites del gobierno están automatizados. • No existen sistemas eficientes para identificar rápidamente quién o quiénes podrían servir para resolver problemas o aprovechar oportunidades científicas, tecnológicas o de innovación. Falta información confiable e integrada sobre proyectos y sus resultados y modalidades de acceso rápido a información, implica ineficiencia en el uso de los recursos, y la realización de iniciativas aisladas de bajo impacto, entre otras deficiencias.	• Información desactualizada e insuficiente. • Poco desarrollo del Gobierno Electrónico, lo que dificulta atención al usuario • Existen sistemas de información, regionales y nacionales, para uso empresarial, pero de carácter comercial, y no tecnológico. • No existen redes, constituidas, a nivel nacional, sectorial o regional, que proporcionen un sistema de apoyo tecnológico, asistencia técnica, información, etc. para las actividades de CTI. Las políticas gubernamentales recientes (2000), establecen la necesidad de crear, fortalecer y mantener estas redes.	• Dificultad de acceso a la información. • Contradicciones en los datos de las diferentes fuentes. • Información generalmente desactualizada e insuficiente. • Portales sectoriales en desarrollo por el MCT. • Portales de información y acceso a organizaciones del sector público, en desarrollo, en el marco del programa de Gobierno Electrónico, y del Decreto 825.
Coordinación y articulación del SNCTI	• Existen los elementos necesarios para conformar el SNCTI, con mayores o menores debilidades y fortalezas. • Necesidad de articular instituciones del sector público, establecer sistemas de información, evaluación y seguimiento	• Existen todos los elementos necesarios para conformar el SNCTI, con mayores o menores debilidades y fortalezas; pero con debilidades en la integración de sus componentes y en los mecanismos de coordinación y seguimiento. • Necesidad de articular y fortalecer instituciones del sector público, consolidar redes de apoyo, sistemas de información, evaluación y seguimiento	• No están claros los mecanismos de formulación de políticas; coordinación; ejecución, evaluación y seguimiento. • No existen mecanismos adecuados para coordinar y seguir la ejecución de programas nacionales. • Existen todos los elementos necesarios para conformar el SNCTI, con mayores o menores debilidades y fortalezas; pero con debilidades en integración de componentes y en mecanismos de coordinación y seguimiento. • Necesidad de articular y fortalecer instituciones públicas; consolidar redes de apoyo, sistemas de información, evaluación y seguimiento	• Existen todos los elementos necesarios para conformar el SNCTI, con mayores o menores debilidades y fortalezas. • Las instituciones todavía actúan de manera aislada, sin un impacto real en los resultados. La consolidación de redes de acción y cooperación, debe ser una de las líneas de acción prioritarias.

Componente del sistema	CHILE	COLOMBIA	URUGUAY	VENEZUELA
Sector Empresarial (PYMES)	• una alta informalidad, endeudamiento y gran heterogeneidad inter e intrasectorial. • Insuficiente demanda del sector en CyT y en los servicios de asistencia existentes, a pesar de que la oferta es considerable. • Baja calificación del talento humano en PYMES. - Dificultades en uso de TI • Poca vinculación con sector académico-investigativo del país. -Poca inversión en actividades de I+D.Poca capacidad o disposición de establecer redes de cooperación con empresas nacionales. principales trabas: legislación laboral, competencia desleal, situación macroeconomica, lento funcionamiento del aparato estatal y financiamiento. Capacitación y tecnología no son considerados prioritarias. - Incentivos tributarios para formación (programas SENCE) • Poca participación en procesos de innovación. • Gran número de instrumentos de apoyo (más de 100), administrados por más de 10 instituciones públicas. No existe una única "Política de Fomento".	• Micro y PYMES proporciona más del 60% del empleo a nivel nacional, y las PYMES, más del 50% en el sector industrial • Baja calificación general del talento humano en PYMES. • Poca vinculación con sector académico-investigativo del país. • Poca inversión en actividades de I+D. • Poca capacidad o disposición de establecer redes de cooperación y asociación con empresas nacionales. • Principales trabas: corrupción en la administración pública, cantidad y costo de trámites, excesos reglamentarios en la actividad económica, indiferencia del Estado hacia la reglamentación y el control, financiamiento, infraestructura, entorno economico y social, inseguridad. • Incentivos fiscales para inversión en CTI • Poca participación en procesos de innovación.	• Poca demanda del sector en CyT • Baja calificación general del talento humano en PYMES. • Poca vinculación con sector académico-investigativo del país. • Poca inversión en actividades de I+D. • Poca capacidad de establecer redes de Asociación con empresas nacionales. • Principales trabas: acceso al financiamiento • Existencia de incentivos, principalmente, para exportación • Las inversiones en innovación de procesos y productos, se vinculan con la adquisición y adaptación de tecnología foránea y con la asociación con empresas extranjeras. • Existencia de algunos "Circuitos de innovación" puntuales, que quedan aislados o reducidos dentro del marco de un sistema y de políticas de innovación nacionales todavía no consolidadas (Ejemplo: software fabricación de marcapasos electrónicos, entre otros)	• El sector PYMES se declaró en estado de emergencia en 2.002: numerosas empresas han cerrado, y las restantes, tienen más del 50% al 70% de su capacidad instalada ociosa. • Los empresarios venezolanos, en general, lucen poco conscientes de las necesidades de activar procesos de innovación y lograr una producción competitiva. • Poca demanda del sector en ciencia y tecnología, y en los servicios de asistencia existente, a pesar de que la oferta es considerable.-Baja calificación general del talento humano en PYMES. • Poca o ninguna vinculación con sector académico-investigativo del país.-Poca inversión en actividades de I+D. • Poca capacidad o disposición de establecer redes de cooperación con empresas nacionales.- Ausencia de coordinación y de certificación de la calidad de los servicios. • Poca participación en procesos de innovación.

Tabla 9.1 Cuadro resumen de la caracterización de los SNCTI

10. Conclusiones sobre la revisión de los SNCTI en Chile, Colombia, Uruguay y Venezuela

De esta revisión preliminar, resumida en la sección anterior, se pueden enumerar algunas conclusiones, agrupadas según los componentes de los SNCTI caracterizados en cada caso, que tipifican situaciones comunes en los países objeto de este estudio.

10.1 Condiciones macroeconómicas y sociales.

Los esquemas económicos de los cuatro países se basan, principalmente, en la producción y exportación de productos primarios (entre un 58% del total de mercancías exportadas, en el caso de Uruguay, y un 91% en el caso de Venezuela). La exportación de productos de alto valor agregado es muy baja, como reflejo de los problemas de competitividad de estos países.

Las economías, como resultado, son altamente sensibles a las fluctuaciones en el mercado internacional de los precios de los productos primarios y a las crisis de los principales socios comerciales, en la región y en otros lugares del mundo. Por ejemplo, el caso de Uruguay, con una economía pequeña, se ha problematizado bajo el impacto, primero, de los efectos de la fiebre aftosa en la ganadería y, luego, por la crisis argentina.

En mayor o menor grado, se han implementado políticas de apertura, que han sustituido a la política de sustitución de importaciones, observándose, en general, un leve aunque insuficiente crecimiento, después de la década perdida de los 80.

Las graves desigualdades en la distribución de la riqueza y la pobreza son el escenario social imperante, siendo Chile el país que presenta un mejor horizonte para el 2002 (21,7% de población en pobreza, contra un 54,9% en Colombia y un 29,7% en Venezuela, único país de la región donde este indicador ha ido en aumento desde 1990, según la CEPAL). Los índices de desempleo son superiores al 9%, superando el 18% en Colombia.

Las dificultades institucionales para concretar las políticas gubernamentales, y los problemas de continuidad en estas políticas, son factores críticos en estos países, aunque en menor grado en Chile y Uruguay. La situación en Venezuela se agrava por la actual crisis política, y en Colombia, por la guerrilla.

El cuadro, en 2002, en general, se muestra poco optimista para alentar procesos de innovación en los cuatro países estudiados, aunque los gobiernos esperan que se consoliden procesos de mejora en el 2003. El país con mayor crecimiento de la competitividad, en América Latina, ha sido Chile, (en el puesto 27 del conjunto de 73 países según el reporte 2001 del FEM), seguido, en el grupo en estudio, por Uruguay (46), y, muy por debajo, por Venezuela (62) y Colombia (65).

10.2 Marco legal e incentivos. Acuerdos internacionales.

Sólo en Venezuela existe un marco legal específico, de reciente publicación (2001), para englobar las actividades del sistema nacional de ciencia, tecnología e innovación. En Colombia, el Sistema Nacional de Ciencia y Tecnología tiene estatus legal, a partir de una ley publicada en 1990.

En los cuatro países se han hecho esfuerzos recientes por actualizar los instrumentos legales, particularmente en los temas de propiedad intelectual y calidad, donde se responde, principalmente, a exigencias de acuerdos internacionales.

En los cuatro países, a excepción de Uruguay, se han implementado instrumentos legales, de reciente creación, para dar validez a las firmas y documentos digitales y para impulsar las tecnologías de información en el comercio y gobierno electrónico.

En los países estudiados, a excepción de Chile, caracterizado por una economía de mercados cada vez más abiertos y globalizados, existen leyes específicas para el desarrollo y promoción de la PYME.

Los incentivos específicos existentes para las actividades de I+D, y de innovación, son inexistentes, insuficientes o escasamente utilizados por el sector privado.

Los acuerdos internacionales de cooperación científica y tecnológica son muy numerosos y diversificados hacia todas las regiones del mundo, en los países estudiados, pero guardan poca coherencia, en la práctica, con los acuerdos y políticas, comerciales y de integración regional, vigentes. La integración en mercados regionales, como el MERCOSUR, la CAN y otros, exitosa en mayor o menor grado, se corresponde poco con el intercambio científico y tecnológico, escaso entre los países de la región, a pesar de los convenios vigentes, en particular, entre los países estudiados.

La inseguridad, inadecuación e inestabilidad de las políticas, marco jurídico e incentivos son, para el sector privado nacional y la inversión extranjera, según distintas encuestas de reciente publicación, problemas de mayor importancia en Venezuela y Colombia, y no así en Chile y Uruguay.

10.3 Marco institucional: Organismos públicos que gestionan políticas relacionadas con el SNCTI.

En los cuatro países estudiados se evidencian, en mayor o menor grado, problemas de coordinación entre los organismos públicos relacionados con la formulación, coordinación, evaluación y seguimiento de las políticas en estas áreas. Sólo en Venezuela existe un organismo, al más alto nivel gubernamental (el Ministerio de Ciencia y Tecnología, creado en 1999), con las competencias legales necesarias para formular, coordinar y evaluar las políticas nacionales. En los otros países, se ha intentado subsanar esta debilidad con la creación de Consejos o Comisiones interministeriales e intersectoriales.

En general, se observan en los cuatro países estudiados, esfuerzos para evitar la duplicación de esfuerzos, la dispersión de recursos y la incoherencia entre los distintos organismos públicos relacionados con la gestión de políticas científicas y tecnológicas.

Las políticas relacionadas con ciencia y tecnología y las políticas para el desarrollo de las tecnologías de información, dependen de organismos públicos diferentes, con dificultades en la interacción y vinculación con otros organismos.

Asimismo, en los cuatro países, se han hecho esfuerzos por coordinar las políticas de desarrollo científico y tecnológico con las políticas económicas, de producción e industriales, pero las debilidades organizacionales, institucionales, y de los esquemas y mecanismos de coordinación, evaluación y seguimiento, dificultan los resultados.

En cuanto al ambiente institucional, en general, Chile y Uruguay presentan una mejor situación, (por encima del promedio mundial y los más favorables en la región, calificada por índices del FEM), pero en Colombia y Venezuela los indicadores son deficientes. En estos dos últimos países, las instituciones públicas, en general, gozan de poca credibilidad por parte de la población, presentando problemas en cuanto a la transparencia en su funcionamiento y el control de la corrupción.

Los sistemas y metodologías de evaluación de la gestión pública en Chile fueron pioneros en América Latina (1990). El resto de los países estudiados han emprendido esfuerzos recientes para implementar estos sistemas. En particular, en Uruguay se le ha dado a este tema prioridad y un gran apoyo gubernamental. En Colombia y en Venezuela, los avances son incipientes.

En los cuatro países estudiados se han implementado planes, también recientes, para mejorar el funcionamiento de los organismos públicos a partir del uso de las tecnologías de información, facilitando el acceso a la información e iniciando la automatización de trámites y procesos. Los logros del gobierno electrónico han sido más importantes en Chile que en el resto de los países estudiados, siendo Uruguay el país de este grupo más rezagado en este aspecto.

10.4 Sector científico y académico

La inversión nacional en ciencia y tecnología es insuficiente, muy inferior a la de los países desarrollados y a la recomendada por la UNESCO.

En los cuatro países estudiados se ha logrado consolidar, en mayor o menor grado, una importante capacidad en I+D, tanto en calidad y cantidad de investigadores, como en infraestructura de laboratorios y equipos. Los índices de productividad muestran una situación comparable a la media regional, y muy superior a ella, en los casos de Chile y Uruguay (tabla 3.1). Esta capacidad es, sin embargo, insuficiente, si se compara con los indicadores de los países desarrollados, con los de economías emergentes de otras regiones del mundo como las del sureste asiático, y con las recomendaciones de la UNESCO para países en desarrollo.

Por otro lado, en los cuatro países, esta oferta se concentra, en más de un 70%, en las universidades, principalmente en las más importantes universidades públicas, donde se realizan la mayor parte de las actividades de I+D de cada país, financiadas, casi totalmente, con fondos del Estado. El sector productivo privado invierte y contribuye muy poco, o casi nada, con estas actividades.

Otra característica, común a estos cuatro países, es la desvinculación de la oferta científico tecnológica con las demandas del sector productivo y con la sociedad en general.

Existen pocos incentivos para desarrollar la carrera del investigador y problemas presupuestarios para apoyar las actividades de I+D en las Universidades. Estas actividades no son valoradas por la sociedad. En particular, el sector productivo desconoce, menosprecia o no tiene confianza en la oferta potencialmente existente en las universidades para atender sus necesidades.

La productividad del sector científico y académico se mide, principalmente, en publicaciones acreditadas por índices internacionales, y es pobre en términos de patentes.

La cooperación e intercambio de científicos deficiente a nivel regional, y se establece, principalmente, con países desarrollados.

10.5 Vinculaciones del sector académico-científico con el sector empresarial.

Los incentivos existentes para vincular la oferta con la demanda son inexistentes, insuficientes o poco adecuados.

Existen iniciativas y experiencias recientes en la creación de organismos específicos para cumplir con estos objetivos, como centros de gestión tecnológica, incubadoras, parques tecnológicos, etc., pero que, con algunas excepciones y casos particulares, han tenido un impacto limitado, por razones diversas, que tienen que ver con problemas de financiamiento, falta de incentivos, instrumentos inadecuados, deficiencias institucionales, de redes de apoyo, de personal capacitado, etc.

10.6 Metrología y Calidad

No existe todavía una cultura de satisfacción de clientes suficientemente difundida, en ninguno de los cuatro países estudiados. Sin embargo, en los cuatro países se observan esfuerzos recientes, realizados por los Gobiernos, para constituir movimientos nacionales para la calidad. En otros países, éste ha sido un factor decisivo para diseminar prácticas empresariales de excelencia.

La apertura de los mercados y los acuerdos internacionales de comercio han obligado a la actualización de normas, políticas y sistemas nacionales de calidad, muy recientes en Venezuela, aunque más consolidados en Chile y Uruguay.

Las redes nacionales de laboratorios y organismos de apoyo en certificación y calidad son todavía débiles en estos países. Aunque las iniciativas para consolidarlos están en marcha, los resultados no son todavía de impacto apreciable.

Los procesos de certificación son costosos y existen pocos incentivos e instrumentos de apoyo públicos en este sentido.

10.7 Protección a la propiedad intelectual.

Los sistemas de protección a la propiedad intelectual son componentes débiles en todos los países estudiados.

En los cuatro países en estudio se han hecho esfuerzos adecuados por actualizar los marcos jurídicos vigentes. Los esfuerzos pioneros en la región corresponden a Chile.

Los procesos de adjudicación de patentes son, en general, lentos, difíciles y costosos, en mayor o menor grado en los cuatro países estudiados. El número de solicitudes de patentes es escaso, a nivel nacional en los cuatro países. En cambio, muchos inventos y productos de estos países son patentados en los sistemas americanos o europeos.

La tasa de dependencia tecnológica, (relación entre el número de patentes otorgadas a no residentes con respecto a las otorgadas a residentes), es alta, sobre todo en Venezuela y Colombia, y el coeficiente de invención (patentes solicitadas por residentes, por cada 100 habitantes de la Población Económicamente Activa) es bajo, correspondiendo el nivel más bajo a Colombia y el más alto a Chile.

Existen bancos de patentes y sistemas de información existentes, que deben ser modernizados y actualizados. Estos sistemas no son utilizados, en general, por los sectores empresariales, como herramientas de extensión tecnológica y de apoyo para procesos de innovación.

10.8 Sistemas de financiamiento

En los cuatro países estudiados, el acceso al financiamiento es una de las principales trabas que enfrentan las empresas, particularmente el sector de la PYME, para iniciar procesos de innovación tecnológica.

El financiamiento de las actividades de I+D e innovación es asegurado, en su mayor parte, por fondos públicos, en forma de subsidios, créditos, cofinanciamiento o garantías. La demanda del sector empresarial, para la utilización de estos fondos, es, en general, escasa, y su otorgamiento, desigualmente repartido en el territorio nacional.

A pesar de algunas iniciativas, se puede afirmar que, en la práctica, no existen fondos operativos de capital de riesgo funcionando adecuadamente en estos países.

10.9 Servicios de información, de apoyo tecnológico y de asistencia técnica

Los sistemas existentes están en proceso de creación o desarrollo, pero no son todavía eficientes para identificar rápidamente quién o quiénes podrían servir para resolver problemas o aprovechar oportunidades científicas, tecnológicas o de innovación. Falta información confiable e integrada sobre proyectos y resultados de proyectos y modalidades de acceso rápido a esta información, lo que implica ineficiencia en el uso de los recursos, y la realización de iniciativas aisladas de bajo impacto, entre otras deficiencias. La información, en general, es deficiente, de difícil acceso y desactualizada, presentándose, en muchos casos, contradicciones entre las distintas fuentes existentes.

Existen algunos sistemas de información, regionales y nacionales, para uso empresarial, pero de carácter comercial, y no tecnológico.

En Venezuela y Colombia se han creado, muy recientemente, Observatorios Nacionales con competencias para el monitoreo, elaboración de indicadores y seguimiento del entorno científico, de innovación tecnológica y de competitividad nacional. Estas adecuadas iniciativas avanzan satisfactoriamente.

No existen todavía redes consolidadas, constituidas como tales, a nivel nacional, sectorial o regional, que proporcionen un sistema de apoyo tecnológico, asistencia técnica, información, etc. para las actividades de ciencia, tecnología e innovación. Las políticas gubernamentales recientes establecen, en general, la necesidad de crear, fortalecer y mantener estas redes, pero sus resultados son iniciales.

10.10 Sector Empresarial (PYMES)

El sector de la PYME es de gran importancia en los cuatro países analizados, ya que, en todos ellos, proporciona empleo a más del 50% de la población económicamente activa.

Este sector se ha visto seriamente afectado con las políticas de apertura de mercados, las cuales imponen retos ante los cuales una gran parte de este sector no está en capacidad de responder competitivamente. En Venezuela su desarrollo se ha visto dificultado por condiciones políticas.

Las dificultades mayores que enfrentan las PYMES, según encuestas al sector, son comunes a todos los países analizados, y están relacionadas principalmente con: el entorno económico y social, el acceso al financiamiento, la cantidad y costo de trámites, los excesos reglamentarios en la actividad económica, la indiferencia del Estado hacia la reglamentación y el control, las deficiencias en infraestructura, y la inseguridad. La corrupción en la administración pública, en mayor o menor grado, y en algunas instituciones, es también un obstáculo importante en Venezuela y Colombia.

La PYME en estos países es un sector poco propicio a emprender procesos de innovación, debido al alto costo y riesgo de la inversión en estas actividades, la insuficiencia de redes de apoyo tecnológico, la baja calificación del personal empleado por las empresas, la poca capacidad o disposición para establecer redes de cooperación productiva, las dificultades de promoción y acceso en los mercados internacionales, la deficiencia de fondos e instrumentos de fomento público y el desconocimiento de estos fondos, entre otros factores.

Las inversiones en innovación se efectúan, predominantemente en la PYME, para la adquisición y adaptación de tecnología foránea, y, en ciertos casos, con la asociación con empresas extranjeras.

La PYME invierte poco o nada en actividades de I+D, tiene muy poca vinculación con el sector académico-investigativo del país, y poca capacidad para establecer redes de asociación con otras empresas nacionales.

El sector de PYMES de alta tecnología, en estos países, representa un porcentaje muy pequeño del total de las empresas del sector. Las experiencias exitosas y la competencia de algunos "circuitos de innovación" puntuales, son hechos aislados y casi fortuitos, dentro de sistemas y de políticas nacionales de innovación todavía no consolidados.

10.11 Funcionamiento, coordinación y articulación de los SNCTI

En general, en todos los países estudiados, se han formulado, aunque recientemente, las políticas públicas necesarias para conformar los Sistemas Nacionales de Ciencia, Tecnología e Innovación, y, a nivel de la oferta científico tecnológica, de capacidades y de instituciones, con mayores o menores fortalezas, existen las bases necesarias para consolidar su funcionamiento.

Sin embargo, en estos países, se observan problemas de articulación entre las distintas instituciones del sector público. En general, las instituciones actúan de manera aislada, en ocasiones solapando o duplicando esfuerzos, con la consecuente dispersión y poca efectividad de los escasos fondos de inversión pública.

No existen mecanismos adecuados para el control, evaluación y seguimiento de la gestión y ejecución de las políticas y programas nacionales.
Las debilidades institucionales constituyen un factor crítico.

Los componentes de metrología, calidad, patentes, información y, en general, las redes de apoyo y asistencia tecnológica, son aspectos deficientes, en mayor o menor grado, en los cuatro países estudiados. Existen iniciativas interesantes en curso en todos los países, para reforzar estos aspectos, pero con resultados todavía de poco impacto.

En los sistemas de financiamiento para la innovación, destaca, como una debilidad importante, la ausencia de capitales de riesgo.

El sector privado no se ha integrado, de manera suficientemente activa, en la articulación de los procesos de innovación, y la situación del sector empresarial privado, particularmente las PYME's, es bastante difícil.

11. Principales problemas que obstaculizan el desarrollo de actividades de ciencia, tecnología e innovación en los países estudiados.

Con base en la revisión efectuada en este trabajo, se tipificaron una serie de problemas comunes, que dificultan el desarrollo de actividades de ciencia, tecnología e innovación, particularmente en Chile, Colombia, Uruguay y Venezuela. En cada país se implementan políticas que tienden a solventar estas dificultades, con mayores o menores resultados. En este trabajo se identificaron prácticas exitosas resaltantes, como se puntualizará posteriormente.

Asimismo, y dada la importancia de las tecnologías de información y comunicación en el desarrollo de la competitividad y la innovación, se definió una lista de obstáculos típicos para la inserción de los países en los nuevos paradigmas de la Sociedad de la Información. Esto con el objeto de destacar las distintas respuestas exitosas que han dado los países analizados. El listado simplificado de problemas típicos, que se reseña a continuación, permitió diseñar una encuesta, incluida en el anexo de este informe, como instrumento destinado a identificar y evaluar la calidad, pertinencia y efectividad de las políticas e instrumentos implementados en cada país para solventarlos. La encuesta permite, en especial, identificar las iniciativas consideradas como más exitosas en la solución de estos problemas, y las dificultades presentes para su desarrollo.

11.1 Problemas típicos para el desarrollo de la Ciencia, la Tecnología y la Innovación

1. Falta de reconocimiento, en las esferas gubernamentales y sociales, de la relevancia del tema para el desarrollo del país.
2. Debilidad, ausencia, incoherencia o inadecuación de las políticas, estrategias e instrumentos públicos vigentes.
3. Ausencia de un marco jurídico y de incentivos apropiados.
4. Insuficiencia de recursos asignados al esfuerzo nacional en este campo

5. Dispersión y poco impacto de los recursos de inversión.

6. Debilidad institucional en el sector público.

7. Esfuerzos individuales, aislados y poco eficaces, tanto a nivel de las instituciones públicas como por parte de los componentes científicos y empresariales.

8. Discontinuidad en la definición y aplicación de políticas

9. Inexistencia de indicadores de desempeño y de impacto de las políticas y programas implementados

10. Debilidad en la evaluación y seguimiento de la gestión

11. Desvinculación de las actividades de I+D con la necesidades del país

12. Falta de visibilidad y credibilidad del sector científico

13. Debate ideologizado y estéril entre "ciencia básica" y "ciencia aplicada"

14. Desequilibrios entre la oferta y la demanda de CyT (la oferta no se corresponde con la demanda, y hay debilidad en la demanda, tanto del sector productivo como del gubernamental y de la sociedad en general)

15. Debilidad en la demanda de conocimiento de los gobiernos locales y desconocimiento del sector Ciencia y Tecnología en las regiones del interior de los países.

16. Desequilibrios regionales: concentración geográfica del esfuerzo en Ciencia y Tecnología en la región capital, principalmente.

17. Base insuficiente de recursos humanos calificados y de infraestructura para actividades de I+D

18. Ausencia o deficiencia de redes de apoyo tecnológico, sistemas de información y de financiamiento para el sector empresarial, particularmente para impulsar procesos de innovación en las PYMES.

19. Insuficiencia del marco institucional para la promoción de la innovación, la calidad y la competitividad en el sector productivo

20. Poca vinculación entre los sectores empresariales y académicos

21. Debilidades de las PYMES para el desarrollo de la competitividad: poco empleo de talento humano de alto nivel, poca disposición a conformar redes de cooperación productiva, ausencia de capacidades para gestionar e implementar procesos de innovación.

22. Poca colaboración entre países de América Latina y dependencia de los países desarrollados

23. Escasa transparencia y participación social en la formulación, ejecución de políticas. Poco consenso en visión común de objetivos y estrategias

11.2 Obstáculos para el desarrollo, asimilación y utilización de las Tecnologías de Información y Comunicación (TIC).

1. Ausencia, insuficiencia o inadecuación de las políticas e instrumentos públicos para el desarrollo de las TIC.

2. Ausencia o debilidad de las instituciones públicas encargadas de formular, gestionar y ejecutar las políticas, planes y programas en TIC.

3. Falta de reconocimiento de la importancia de las TIC para el desarrollo nacional, por parte del sector público y de la sociedad en general.

4. Ausencia o debilidad del marco jurídico y de los incentivos apropiados para el desarrollo de las TIC.

5. Insuficiente inversión nacional en este sector.

6. Monopolio en Telecomunicaciones

7. Baja penetración de Internet y desequilibrios en el acceso a las TIC, tanto a nivel regional como por sectores económicos.

8. Pobre acceso y utilización de las TI en la educación básica.

9. Pobre acceso y utilización de las TIC en el sector productivo, especialmente las PYMES.

10. Pobre acceso y utilización de las TIC en el sector de gobierno.

11. Bajo desarrollo de contenidos nacionales en educación, salud, y otros sectores.

12. Insuficiencia de personal calificado

13. Insuficiencia de fondos para la formación, dotación de infraestructura tecnológica y actividades de I+D en universidades, institutos tecnológicos, postgrados y otras instituciones de educación superior y de investigación.

14. Acceso al financiamiento de las empresas del sector

La encuesta presentada en el Anexo, fue estructurada con base en el examen de los problemas y nudos críticos presentados en las listas anteriores. Aunque directamente derivados del estudio realizado en los cuatro países seleccionados, estos problemas pueden ser considerados como obstáculos típicos en América Latina en general, para el desarrollo y aprovechamiento de procesos de innovación.

La encuesta fue enviada a algunos representantes, muy especialmente seleccionados, de diferentes organizaciones de los sectores públicos, privados y académicos, relacionadas con los sistemas de ciencia, tecnología e innovación de Chile, Colombia, Uruguay y Venezuela, con los objetivos principales de:

- caracterizar el grado de desarrollo de los sistemas de ciencia, tecnología e innovación nacionales en los cuatro países de América Latina seleccionados, completando la revisión inicialmente llevada a cabo en este trabajo (y cuyas conclusiones fueron resumidas en las secciones anteriores de este informe), con las apreciaciones, testimonios y experiencias concretas de actores específicos, involucrados directamente con el funcionamiento actual de estos sistemas en cada país.
- identificar experiencias y prácticas exitosas derivadas de las políticas y programas públicos nacionales, así como los principales obstáculos en su implementación
- identificar deficiencias, adecuación y eficacia de los instrumentos existentes para la ejecución de las políticas vigentes
- el grado de vinculación de distintos actores y componentes de los Sistemas Nacionales de Ciencia, Tecnología e Innovación.

Adicionalmente, y para completar los objetivos anteriormente enunciados, se realizaron visitas a cada país, donde se efectuaron entrevistas directas con diferentes representantes de los sectores públicos, privados y académicos. Un resumen de las encuestas recibidas y de las entrevistas realizadas se presenta en la siguiente sección.

12. Apreciaciones sobre la situación de los SNCTI en cada país

En esta sección se resumen los resultados de las entrevistas y encuestas realizadas en cada país.

Se resumió el contenido de los testimonios recogidos atendiendo a tres aspectos: los principales obstáculos o nudos críticos percibidos en el contexto nacional, las experiencias o iniciativas más exitosas y las recomendaciones generales, tanto para una formulación de políticas más adecuadas, como sugerencias para proßgramas específicos.

Dado que el universo examinado fue necesariamente limitado a individualidades con distintas relaciones con los Sistemas Nacionales de Ciencia, Tecnología e Innovación, no se trata aquí de llegar a conclusiones definitivas o generalizadas, sino más bien, de reseñar un conjunto de apreciaciones sobre la situación en cada país.

La validez de estas apreciaciones reside en el hecho de que los testimonios recogidos pertenecen a personas de una u otra manera reconocidas en el contexto nacional, por ocupar o tener experiencia en cargos públicos de importancia en la gestión o ejecución de programas en el sector, o por su trayectoria en el medio académico o empresarial.

Estas apreciaciones completan la visión resumida en secciones anteriores y fueron de mucha utilidad para la elaboración de las conclusiones y recomendaciones finales que se presentan en este trabajo.

Aunque no se pretende generalizar el conjunto de apreciaciones recogidas, es sorprendente el consenso que se detectó en el grupo de entrevistas y encuestas efectuadas, en cuanto a los aspectos fundamentales que caracterizan la problemática de cada país. Estas opiniones de consenso son las que, en su mayoría, resumimos en las secciones siguientes.

Las encuestas, lamentablemente, no fueron respondidas todas de manera completa y por escrito, por todas las personas a las que les fue enviada. La encuesta reveló ser, sin embargo, un instrumento de mucha utilidad para evaluar las experiencias específicas en cada país. Creemos que este instrumento puede ser perfeccionado, a partir de la experiencia obtenida con este estudio, y que utilizado de manera sistemática y amplia, puede conducir a información muy valiosa en el futuro, no sólo para los cuatro países analizados, sino para todos los de la región, con ciertas capacidades desarrolladas en ciencia, tecnología e innovación.

La experiencia realizada permitió validar la lista de problemas propuesta en la sección 11, así como identificar iniciativas en marcha, con mayor o menor grado de éxito, para su solución. Los testimonios recogidos revelan que estos problemas son comunes en los cuatro países estudiados. Sin embargo, unos fueron calibrados como más agudos o acuciantes que otros, según cada país analizado. De manera cualitativa, se presenta esta apreciación resumida en las tablas incluidas al final del resumen de cada país.

12.1 Chile

A principios de los 90, el inicio de la democracia encontró una situación donde la infraestructura en Ciencia y Tecnología estaba bastante deprimida. El Primer programa del BID, (cuyo ente ejecutor era el CONICYT), comienza en 1991, operando con tres fondos: FONDECYT, que ya existía, principalmente destinado a las Universidades, y otros dos fondos, creados dentro del marco del programa: FONTEC, dirigido a las empresas y FONDEF, con los objetivos de fomentar las operaciones conjuntas entre universidades y empresas.

Uno de los mayores beneficios de este programa, fue el de permitir que se fuera instalando en el discurso público y empresarial el tema de la Ciencia y la Tecnología.

El desarrollo de este programa coincidió con una época de bonanza económica en el país. De hecho, el gobierno de Chile renunció a la última parte del crédito BID.

Después de 1995, se prolongó el esfuerzo iniciado con el primer programa, lanzándose el Programa de Innovación Tecnológica (PIT), con una mayor orientación a la innovación tecnológica, y financiado con recursos propios. El PIT se ejecutó a partir de FONTEC y FONDEF, incorporándose luego otros fondos. En 1995 se creó el FONSIP (ahora Fondo de Desarrollo e Innovación, FDI), para apoyar los Institutos Tecnológicos del Estado.

A partir de 2000, se inicia un tercer programa, apoyado por el BID: el PDIT, Programa de Desarrollo e Innovación Tecnológica, que es coordinado desde el Ministerio de Economía (MINECOM), pero en el que intervienen trece coejecutores, contando con un total de 110 actividades o subprogramas.
En el marco de este trabajo, fueron realizadas, en total, 10 entrevistas en Chile y se enviaron 10 encuestas. De la información recopilada en las encuestas y entrevistas realizadas, se resumen a continuación las principales observaciones.

12.1.1 Principales problemas o nudos críticos

1. Desde mediados de los 70, con la dictadura, Chile comienza a establecer una política de apertura económica, favoreciendo la inversión extranjera. Hoy en día, el nivel promedio de aranceles de importación se ubica en 6,3%, y tomando en cuenta el marco de los convenios bilaterales, en, aproximadamente un 3%, habiéndose firmado un acuerdo con la Unión Europea para llegar al 0%. Esto ha hecho que la situación de la PYME se haya visto problematizada. Numerosas PYME's, incluyendo algunas del sector de TIC, han cerrado. La crisis asiática, desde el 97, ha empeorado la situación. El ambiente actual es recesivo (para el 2002 no se espera que la economía crezca más de un 2,6%, según el FMI), haciendo que los procesos de innovación para la PYME sean obstaculizados. De un total de 646.500 empresas formales, sólo 6065 califican como grandes empresas (datos del Centro de Productividad Integral, CEPRI), produciendo más del 60% del PIB. La PYME y la microempresa chilena proveen, sin embargo, más del 80% del empleo formal.

2. La inversión en Ciencia y Tecnología tiene un buen nivel, comparado con el entorno regional y considerando el gasto público, pero la inversión privada es todavía muy escasa. Las grandes empresas han internalizado los temas de I+D e innovación, pero no así la PYME. A

pesar de que hay una oferta tecnológica importante, ésta no ha logrado insertarse en el tejido productivo.

3. Se ha hecho un esfuerzo importante durante los últimos años en el sentido de impulsar el desarrollo de la ciencia y la tecnología, sin embargo, éste es aún insuficiente. De especial importancia son el reducido número de investigadores en el país, el distanciamiento entre el quehacer científico y las necesidades de la sociedad y la escasa participación del sector privado en actividades relacionadas con la ciencia y la innovación tecnológica. El impacto ha sido bajo en cuanto a dar soluciones específicas al sector productivo, presentar y usar patentes de invención o crear empresas de base tecnológica. Los principales beneficiados de los fondos invertidos por el Estado han sido numerosos grupos de investigadores que han podido consolidar grupos de trabajo estables, con un buen nivel de infraestructura científica.

4. La PYME chilena enfrenta obstáculos para acceder al financiamiento. El capital de riesgo no existe en Chile, y hay algunas trabas legislativas para cristalizar las iniciativas que emprende el estado actualmente en la creación y utilización efectiva de fondos de este tipo. El Estado chileno, actualmente, no puede participar como accionista en la creación de nuevas empresas. La banca chilena es muy conservadora. La Corporación de Fomento (CORFO), a través de su gerencia financiera, actúa como una banca de segundo piso. Pero el dinero colocado en la banca privada, por esta vía, es de difícil acceso para la PYME.

5. El sistema de innovación chileno no existe como tal, es decir, desde un punto de vista formal o institucional. Se trata de un sistema de fondos que funcionan a partir de iniciativas dispersas y descentralizadas. No existen iniciativas transversales que crucen la estructura del Estado, a pesar de que el PDIT, desde 2000, constituye un intento favorable, ya que MINECOM tiene una gran capacidad de coordinación y convocatoria. La impresión es que esta situación no es del todo desfavorable, ya que obliga a los Fondos a competir entre ellos. Sin embargo, hay dispersión de recursos, duplicación innecesaria de esfuerzos, y problemas de seguimiento y evaluación de los resultados.

6. Es difícil evaluar el impacto de la inversión, pero se considera que, en líneas generales, no se ha logrado, con el sistema de fondos existente, un impacto productivo importante en los últimos doce años. En parte, porque la inversión en C y T es escasa, pero también porque el potencial innovador de la PYME es todavía insuficiente. Se presentan pocos proyectos innovadores, por condiciones tanto del entorno (dificultades de acceso al financiamiento, costos de los trámites, falta de incentivos, falta de apoyo para la internacionalización y la inserción final en mercados regionales y globales, etc.), como de las propias capacidades de la PYME (escasez de talento humano de alto nivel, debilidad en capacidades tecnológicas, poca capacidad asociativa, etc.). En diez años, FONTEC ha atendido, apenas, alrededor de 2000 empresas. La experiencia indica, que de esas empresas, más del 65% son medianas o grandes, y la mayoría tienen éxito en llevar a cabo su proyecto tecnológico. Los emprendedores innovadores, culminan satisfactoriamente o en gran parte, su proyecto tecnológico, pero la mayoría no atraviesa con éxito la etapa del escalamiento comercial. No hay todavía suficiente apoyo para nuevos emprendimientos. Las iniciativas de capital semilla y de incubadoras de empresas son muy recientes. Además, en Chile rige una ley sobre el Estado empresario, por la cual no se permite que el Estado genere nuevas empresas. Actualmente, se discute sobre una reforma del mercado de capitales, que permitiría que la CORFO pueda contribuir a la formación de capitales de riesgo.

7. Los fondos ligados al CONICYT son considerados lentos y burocráticos. En FONDEF, los lapsos de evaluación de proyectos y de tramitación de los aportes financieros, demoran de siete a nueve meses, lo que representa un problema para las empresas. En FONTEC, ligado a CORFO, los lapsos son de dos a tres meses, aunque uno de los testimonios recogidos indicó que, en el funcionamiento de los fondos de CORFO, se presentan problemas de poca transparencia en la asignación de recursos.

8. Se considera que una de las causas de que el impacto de la inversión efectuada desde los Fondos del sistema no haya sido el esperado, es la

alta dispersión de la inversión. La definición de áreas transversales en el Programa actual del BID (Biotecnología, Producción Limpia, Calidad, TI) no ayuda a focalizar en las áreas prioritarias de impacto productivo en Chile ni a un mayor aprovechamiento de las oportunidades comerciales.

9   Existen estadísticas provenientes, principalmente, de CONICYT y CORFO, que reflejan adecuadamente las áreas en que el sector público invierte los fondos destinados a I&D. A pesar que se han realizado llamados a concurso para áreas específicas, no se distingue una priorización, ya que estos llamados son esporádicos y se realizan en función de criterios no justificados de manera consistente. La política de asignación de fondos de I&D debiera ser más exigente en cuento a resultados reales y verificables y considerar en menor medida el número de publicaciones indexadas.

10. No existen esquemas de incentivos tributarios para actividades de I+D, de innovación tecnológica, ni para reforzar los postgrados. Existen actualmente franquicias tributarias para el tema de la educación empresarial, a través de SENCE. La percepción es la de que el Estado, a través de SENCE, no ha intervenido lo suficiente en dirigir la oferta, aunque, recientemente, ha venido haciendo convocatorias selectivas. Por otro lado, no hay consenso, de acuerdo con las opiniones recogidas, en la idea de que los incentivos tributarios sean efectivos como instrumento para generar competitividad real en el sector productivo.

11. El deterioro del sector universitario es preocupante. La calidad de la Educación Superior, en general, ha disminuido. En las universidades privadas no se efectúa investigación. El sector científico, en su mayoría ubicado en las universidades públicas tiende a aislarse de la función de formación básica, vinculándose poco o nada con los cursos de pregrado. La creación de Centros de Excelencia (iniciativa Milenio, apoyada por el Banco Mundial), se ha efectuado fuera de las Universidades, lo que no es recomendable para favorecer la integración de los científicos a los procesos de formación, especialmente en los cursos básicos, donde es más necesario "inyectar" calidad y excelencia.

12. Los Institutos tecnológicos del Estado no tienen las capacidades suficientes para motivar la innovación y la transferencia tecnológica, o lo hacen en una baja escala, y algunas personas entrevistadas consideraron que no cumplen con sus objetivos de vinculación con el sector industrial y con el sector universitario.

13. A pesar de algunas experiencias exitosas, los mecanismos de interfaz universidad-empresa no han tenido mayor impacto. En la Universidad de Chile, donde se concentra la mayor actividad de investigación del país, las iniciativas no son significativas.

14. Los chilenos patentan muy poco en Chile. Prefieren hacerlo en mercados relevantes, como Estados Unidos, Japón y Europa.

15. En el área de las TIC, se observa que, tanto en software como en portales y contenidos, el medio chileno es poco desarrollador. Tiende más a importar e integrar soluciones externas. La industria de TI, en Chile, es más comercializadora que productora. Se estima que el negocio de las TIC en Chile ha caído 25% este año y caerá 30% el próximo, dado el entorno recesivo. Las principales debilidades, actualmente, se presentan en el desarrollo de contenidos.

16. Existe un amplio grupo de pequeños empresarios que por problemas culturales o de educación enfrentan muchas dificultades en su acercamiento a las nuevas tecnologías de información. El uso de las TI está limitado, en general, al manejo primario de la información y correo. El pequeño empresario no percibe claramente la utilidad del uso de INTERNET. La difusión de los contenidos específicos para la Pyme es un aspecto que ha tenido poco desarrollo.

17. Existen barreras legales para el desarrollo de la biotecnología. Por ejemplo, no está permitido el cultivo de transgénicos con fines productivos. El proceso está en estudio actualmente.

18. En cuanto al aspecto regional, en el interior de Chile, la situación es desequilibrada, en cuanto a las capacidades existentes y la inversión en

actividades de ciencia, tecnología e innovación. Los funcionarios de niveles intermedios en los gobiernos regionales, desgraciadamente, no están suficientemente preparados para responder al desafío de priorizar, asignar y administrar los fondos respectivos.

19. La apreciación general, según los testimonios recogidos en este trabajo, es que el sistema de fondos públicos en Chile no ha logrado superar la transición, desde el viejo esquema de consolidar la oferta, hacia un modelo más deseable, en el cual, junto con una adecuada oferta, se fortalezca y satisfaga la demanda.

12.1.2 Experiencias exitosas

1. La experiencia de la Fundación Chile, institución privada que ha realizado importantes actividades de I+D, con resultados de impacto apreciable en el desarrollo de la industria del vino chileno, por ejemplo.

2. Las incubadoras en TI han dado buenos resultados. No así en las otras áreas (biotecnología, manufactura). Sin embargo, estas experiencias son todavía recientes para juzgar su éxito. Existen incubadoras en Temuco, en Concepción (3) y en Santiago (1), que comenzaron a funcionar en 2001. Muy reciente, también, es la iniciativa de conformar un polo de desarrollo tecnológico en Valparaíso.

3. Algunas facultades de 4 o 5 universidades privadas, y algunas públicas, han incorporado contenidos de gestión empresarial en los pensa de carreras profesionales, lo que ha sido una iniciativa exitosa.

4. El modelo de gestión de CORFO ha permitido la generación de redes empresariales de apoyo tecnológico, administración, financiamiento y asistencia. La movilización de redes sociales ha contribuido a agilizar el funcionamiento de la institución, disminuir la burocracia, generar empleo y a fortalecer el capital social.

5. Los ejercicios de prospectiva han sido considerados, según las opiniones recogidas, exitosos como metodología para crear planes

estratégicos con consenso y concentrar los recursos disponibles en programas específicos. En particular, en el FIA (Fundación para la Innovación Agraria), se han realizado ejercicios alrededor de los principales rubros productivos. Por otro lado, los componentes de prospectiva en el programa PIDT han sido importantes para identificar temas estratégicos para el país. Han permitido, por ejemplo, orientar concursos específicos hacia temas como: el desarrollo del vino, la producción de contenidos de educación utilizando TI, entre otros que permiten detectar oportunidades para el país, buscando una inserción rápida en el escenario global.

6. Alrededor del programa PIDT, se ha creado una Comisión de Biotecnología, la cual, en un lapso de sesenta días (que se cumple a finales de 2002), debe entregar un documento a la Presidencia de la República con las prioridades y lineamientos de la política nacional en esta área, incluyendo, especialmente, el marco de regulaciones, la formación de recursos humanos (académico, técnico, empresarial), los programas de apoyo al desarrollo empresarial, las alianzas internacionales, y otros aspectos.

7. A través de los programas de transferencia tecnológica que financia FONDEF (CONICYT), se está realizando un esfuerzo importante en crear condiciones para la formación de empresas spin off, a partir de empresas ya existentes, que escinden sus capacidades de investigación y desarrollo tecnológico.

8. A través de FONDEF se han logrado realizar inversiones en empresas tecnológicas, donde se genera asociatividad con otras empresas. Por ejemplo, dentro del programa de Biominería, en el mejoramiento de los procesos de lixiviación bacteriana de minerales y el desarrollo de nuevas tecnologías con soporte genómico y bioinformática, se ha constituido una empresa internacional, con participación de CODELCO, la empresa del cobre chilena, así como empresas de Japón y Brasil. La constitución de la empresa BIOZYGMA es considerado uno de los resultados de impacto de la acción de FONDEF

9. En cooperación internacional, la firma del acuerdo de Chile con la Unión Europea, en el ámbito científico tecnológico, permitirá que cualquier universidad o empresa chilena participe en los concursos europeos del sexto acuerdo marco, lo que impone retos estimulantes y exigentes para la competitividad, y posibilidades para el crecimiento del sector, el establecimiento de alianzas, el acceso al financiamiento, etc.

10. El proyecto ENLACES, coordinado desde la División de TI del Ministerio de Economía (MINECOM), ha permitido dotar de computadores a más del 93% de los establecimientos educacionales del país, con casi la mitad con acceso a INTERNET, y capacitar en TI a 70,000 profesores de Chile (aproximadamente el 50% del total). Existe un Fondo de Desarrollo de las Telecomunicaciones que se ocupa de conectar las zonas más pobres y aisladas. El Programa Nacional de Infocentros ha tenido buenos resultados, coordinando un conjunto de iniciativas ya existentes que incluían centros de acceso en bibliotecas, escuelas, organizaciones comunitarias e infocentros para PYMES.

11. El programa de Gobierno Electrónico, en Chile, ha tenido buenos avances. El 60% de un total de dos millones de contribuyentes pagan sus impuestos a la renta por INTERNET. Se dispone de importantes bases de datos con documentación personal. Las aduanas están casi totalmente automatizadas. Hay avances para la automatización del pago de la seguridad social. Actualmente, se crea una ventanilla para uso empresarial, con el objetivo de disponer de 35 trámites con el gobierno, en línea, en 2003.

12.1.3 Resumen de las recomendaciones recogidas en entrevistas y encuestas:

1. Las políticas públicas relacionadas con Ciencia, Tecnología y fomento de la innovación y competitividad empresarial, deben orientarse y desarrollar instrumentos específicos, diferenciando las necesidades en los distintos niveles de desarrollo empresarial. En efecto, las empresas innovadoras requieren, principalmente,

apoyo para procesos de exportación, establecimiento de alianzas internacionales, identificación de mercados, inserción final en mercados internacionales, etc., lo cual es una gran deficiencia en la oferta actual de los fondos nacionales y multilaterales. Los instrumentos ofrecidos actualmente por FONTEC y otros de CORFO, son de utilidad para empresas que ya tienen ciertas capacidades tecnológicas, brindando apoyo para impulsar su paso a desarrollar procesos de innovación. En empresas de baja capacidad tecnológica, los instrumentos de financiamiento deberían centrarse en ofrecer ayudas para asistencia técnica, formación, infraestructura, etc.

2.   En los programas del BID, los diferentes componentes no están adaptados a una realidad donde los Sistemas Nacionales de Innovación no existen, por lo que deben revisarse sus objetivos, en especial los de los componentes relacionados con el fortalecimiento institucional.

3.   Los instrumentos de política y financieros, deberían privilegiar la intervención de un sector productivo, o de un cluster, más que la intervención sobre casos aislados de empresas específicas. Sería recomendable identificar cadenas de producción específicas, con potencial competitivo, y apoyarlas con formas de intervención a lo largo de toda la cadena: intervenciones precompetitivas, mejora de regulaciones, infraestructura, consolidación de redes de cooperación, creación de marcas, certificaciones, captación de mercados, exportación, etc. Los programas de CORFO han comenzado, recientemente, a promover los proyectos asociativos, pero la intervención, para que sea efectiva, debe ser más agresiva e integral. La sugerencia es la de crear dos ventanillas en programas de competitividad: una dedicada a la empresa, como caso individual, tal vez con niveles de subsidios menos importantes, y otra, con niveles mayores de subsidios, para cadenas asociativas de producción.

4.   Los programas dirigidos a fomentar la innovación y la competitividad de las empresas logran más difícilmente los objetivos deseados en organismos públicos de fomento dedicados, tradicionalmente, a atender al sector científico y académico (el caso del CONICYT en Chile). Se

recomienda evaluar estas instituciones que, en general, muestran mucha ejecución en programas de ciencia y debilidades en la ejecución de los componentes de tecnología. Varias de las opiniones suministradas en este trabajo recomiendan separar las dos componentes (fomento científico y competitividad) y asignar los roles específicos de ejecución a los interlocutores apropiados.

5. A pesar de la fuerte discusión existente en torno a la pertinencia de los fondos sectoriales, especialmente tomando en cuenta la política no intervencionista del gobierno chileno, las opiniones registradas en este trabajo, se inclinan, mayoritariamente, por la idea de asignar fondos específicos a sectores muy particulares, de demostrada competitividad, aunque se sigan invirtiendo recursos importantes en fondos no sectoriales, con el objetivo de no cerrar las puertas a iniciativas innovadoras en cualquier área. Las personas entrevistadas se inclinaron, en su mayoría, por "apostar" y concentrar esfuerzos y recursos, de manera sostenida, en oportunidades detectadas de desarrollo para el país. Los métodos de prospectiva fueron recomendados para construir una visión de consenso en la detección de estas oportunidades.

6. Se recomendó que para la preparación de préstamos con organismos multilaterales debe invertir mayores esfuerzos previos en la preparación de los convenios de préstamo. Inclusive, se sugirió la conveniencia de realizar ejercicios de prospectiva, previos a la formulación del acuerdo, con el fin de canalizar los fondos, no sólo hacia áreas prioritarias, sino hacia proyectos específicos, alrededor de cadenas productivas competitivas, con posibilidades de inserción internacional. Cierta cantidad de los fondos deben dejarse, de todos modos, abiertos a la demanda de otros sectores.

7. En particular, fue fuertemente recomendada la introducción de programas destinados específicamente a aumentar la capacidad de internacionalización de los países, con políticas orientadas a la inserción final en los mercados. Específicamente, se sugiere la creación de programas regionales, cruzando y complementando las capacidades nacionales, con la idea de fortalecer los mercados latinoamericanos.

8. En Chile, es urgente completar el desarrollo de la industria financiera: mejorar el sistema de oferta (temas de proyectos y negociación), el apoyo a nuevos negocios, el acoplamiento a redes internacionales. La formación y atracción de capitales de riesgo es una necesidad prioritaria.

9. Aunque no fue una opinión de consenso, la mayoría de los testimonios recogidos, se pronuncian por la incorporación de incentivos tributarios para aumentar la participación del sector productivo en procesos de I+D y masificar los procesos de innovación. Más que las zonas de desarrollo o las zonas francas, de exenciones tributarias, se apoyó la idea de incentivos a nivel nacional, sectoriales o no, para promover la participación del sector productivo.

10. La idea de invertir esfuerzos en unidades de vinculación universidad-empresa en el seno de las universidades no fue muy apoyada. Antes que eso, parece más efectivo para lograr esta vinculación, el fomento de la competitividad en el seno de las empresas, y la promoción de unidades de I+D y de la demanda, en el ámbito productivo, con la finalidad de orientar la oferta de servicios, principalmente de las universidades, hacia la satisfacción de esta demanda. Deben favorecerse y ampliarse las iniciativas de formación empresarial dentro de las carreras profesionales universitarias. También deben introducirse instrumentos de fomento y financiamiento para la creación de nuevas empresas tecnológicas y para el fortalecimiento de las existentes.

11. Se sugirió crear incentivos específicos para que los investigadores participen en la formación profesional en las Universidades. También, obligar a que los financiamientos que se otorguen para investigación en Universidades, exijan como requisito que los investigadores beneficiarios impartan docencia en cursos básicos de pregrado.

12. En el área de TIC, se propone la realización de un gran proyecto de transferencia regional, incluyendo, por ejemplo:

- Intercambios de experiencias entre los países
- Discusiones sobre transposición didáctica. ¿Cómo utilizar las TI para mejorar la calidad educativa?
- Colaboración, cooperación y desarrollo complementario de contenidos educativos.
- Discusión de los problemas de adaptación de códigos de fuente abierta
- Evaluación de las experiencias de software libre en México y Brasil.
- Escuelas regionales de gobierno electrónico.

También se propuso que el BID, el BM o cualquier otro organismo multilateral debería impulsar un portal regional de acceso a los sistemas de fondos tecnológicos de cada país, con mecanismos que permitieran el acceso a la información para los científicos y empresarios latinoamericanos, y promoviera el establecimiento de alianzas e intercambios para la realización de proyectos conjuntos.

13. En los temas de seguimiento y evaluación de los programas públicos, es necesario realizar esfuerzos para la creación de indicadores y sistemas adecuados de monitoreo, actualmente insuficientes.

14. Se sugiere a organismos multilaterales realizar esfuerzos en el área de biotecnología y considerar la apertura de un programa especial para América Latina en esta área. Es necesario impulsar estudios y sistemas de información sobre la biodiversidad y sobre la problemática de los transgénicos. En Chile, el desarrollo de la biotecnología es estratégico, especialmente en los temas de biología molecular, genoma, con aplicaciones en el área forestal y el sector agrícola.

15. Se sugiere profundizar los esfuerzos en programas de divulgación científica y tecnológica. Estos esfuerzos pueden ser coordinados a nivel regional, para estrechar los vínculos de cooperación e intercambio entre los países de la región, actualmente muy débiles.

12.1.4 Resumen de conclusiones

Las tablas 12.1.1 y 12.1.2 muestran una síntesis de las políticas, estrategias, instrumentos y acciones utilizadas en la respuesta a los problemas típicos que fueron listados en la sección 11.

Estas tablas no pretenden ser exhaustivas, pero indican las respuestas relevantes que ha dado el país a los problemas tipificados, según la información recopilada. El hecho de que, en algunos renglones específicos, se indique en las tablas que no se consiguió la información, no quiere decir que no existan políticas o iniciativas actuales orientadas a ese tema, sino que, en el curso del trabajo, no se recogió información acerca de programas específicos relevantes en esas áreas.

Los problemas sombreados fueron considerados, de acuerdo con los testimonios recogidos a partir de las entrevistas realizadas, y de las encuestas recibidas, como obstáculos muy graves, o problemas prioritarios que no han recibido atención suficiente por parte del Estado, y cuya solución es determinante para garantizar el impacto de los planes de desarrollo en ciencia, tecnología e innovación.

Problema Típico de CyT en América Latina	Repuesta en Chile
1. Falta de reconocimiento, en las esferas gubernamentales y sociales, de la relevancia del tema para el desarrollo del país.	Programa PIDT con apoyo BID
2. Debilidad, ausencia, incoherencia o inadecuación de las políticas, estrategias e instrumentos públicos vigentes.	Programa PIDT con apoyo del BID. Programas de CORFO a proyectos tecnológicos con impacto productivo. Estímulos para la exportación.
3. Ausencia de un marco jurídico y de incentivos apropiados.	Proyecto de incentivos para I+D
4. Insuficiencia de recursos asignados al esfuerzo nacional en este campo	Meta del gobierno de aumentar gasto, no cumplida en su totalidad. Iniciativas de crear capitales de riesgo en curso.
5. Dispersión y poco impacto de los recursos de inversión.	Programas de Prospectiva Convocatorias por áreas
6. Debilidad institucional en el sector público	Debilidades de coordinación y en sistemas de información. Lentitud de respuesta de CONICYT. Buen desarrollo comparativo del gobierno electrónico.
7. Esfuerzos individuales, aislados y poco eficaces, tanto a nivel de las instituciones públicas como por parte de los componentes científicos y empresariales.	Financiamiento a proyectos asociativos de empresas (CORFO) Coordinación del PIDT en MINECOM
8. Discontinuidad en la definición y aplicación de políticas	Programas de prospectiva Continuidad en las políticas, estabilidad relativa del gasto.
9. Inexistencia de indicadores de desempeño y de impacto de las políticas y programas implementados	Indicadores de CONICYT y de CORFO (insuficientes)
10. Debilidad en la evaluación y seguimiento de la gestión	Existen sistemas de la administración pública en general
11. Desvinculación de las actividades de I+D con la necesidades del país.	Ejercicios de prospectiva Convocatorias por áreas
12. Falta de visibilidad y credibilidad del sector científico	Programas de divulgación No se recopiló información sobre programas específicos.
13. Debate ideologizado y estéril entre "ciencia básica" y "ciencia aplicada"	Áreas transversales prioritarias en el PIDT. Fondos separados para el sector de ciencias básicas y el sector orientado al desarrollo tecnológico empresarial
14. Desequilibrios entre la oferta y la demanda de CyT (la oferta no se corresponde con la demanda, y hay debilidad en la demanda, tanto del sector productivo como del gubernamental y de la sociedad en general)	Ejercicios prospectivos Fondos sectoriales Programas regionales del CONICYT Convocatorias por áreas Instrumentos del PIDT para sector productivo.
15. Debilidad en la demanda de conocimiento de los gobiernos locales y desconocimiento del sector Ciencia y Tecnología en las regiones del interior de los países.	Programas regionales del CONICYT Polos de desarrollo tecnológico (Valparaíso)

Problema Típico de CyT en América Latina	Repuesta en Chile
16. Desequilibrios regionales: concentración geográfica del esfuerzo en Ciencia y Tecnología en la región capital, principalmente.	Programas regionales del CONICYT Polos de desarrollo tecnológico (Valparaíso)
17. Base insuficiente de recursos humanos calificados y de infraestructura para actividades de I+D	Becas Centros de Excelencia (Milenio) Programas CONICYT SENCE (sector empresarial)
18. Ausencia o deficiencia de redes de apoyo tecnológico, sistemas de información y de financiamiento para el sector empresarial, particularmente para impulsar procesos de innovación en las PYMES.	Redes de aliados de CORFO Programas de CORFO: -Apoyo a Centros Tecnológicos -Capital semilla y de riesgo (iniciativas recientes) -PROFOS -Incubadoras
19. Insuficiencia del marco institucional para la promoción de la innovación, la calidad y la competitividad en el sector productivo	Componentes del PIDT Programas de CORFO Proyecto de incentivos tributarios
20. Poca vinculación entre los sectores empresariales y académicos	Iniciativas de unidades de vinculación en algunas universidades (inexistentes en la Univ. de Chile) Formación empresarial en los cursos universitarios.
21. Debilidades de las PYMES para el desarrollo de la competitividad: poco empleo de talento humano de alto nivel, poca disposición a conformar redes de cooperación productiva, ausencia de capacidades para gestionar e implementar procesos de innovación.	Programas de CORFO: - Financiamiento a proyectos asociativos - capital de riesgo Programas de SENCE para formación empresarial Infocentros para PYME.
22. Poca colaboración entre países de América Latina y dependencia de los países desarrollados	No se recopiló información relevante sobre programas con resultados específicos, pero existen convenios de cooperación vigentes
23. Escasa transparencia y participación social en la formulación, ejecución de políticas. Poco consenso en visión común de objetivos y estrategias	Métodos prospectivos.

Tabla 12.1.1 Problemas Típicos en C y T y respuestas chilenas

Problemas en desarrollo de TIC	Repuesta en Chile
1. Ausencia, insuficiencia o inadecuación de las políticas e instrumentos públicos para el desarrollo de las TIC	Existen políticas vigentes para el desarrollo de TIC, las cuales presentan impactos positivos importantes.
2. Ausencia o debilidad de las instituciones públicas encargadas de formular, gestionar y ejecutar las políticas, planes y programas en TIC.	MINECOM La Subsecretaría de Telecomunicaciones Incubadoras de empresas
3. Falta de de reconocimiento de la importancia de las TIC para el desarrollo nacional, por parte del sector público y de la sociedad en general.	Uso en el sector público. Dinamismo y crecimiento del sector Indicadores muy favorables respecto al entorno regional Presencia de las TIC en educación.
4. Ausencia o debilidad del marco jurídico y de los incentivos apropiados para el desarrollo de las TIC.	Ley de Firmas Incentivos para el acceso y uso de TIC
5. Insuficiente inversión nacional en este sector.	Fondos en programas específicos, a través de instituciones públicas No se encontró información suficiente sobre inversión privada.
6. Monopolio en Telecomunicaciones	Apertura desde 1997
7. Baja penetración de Internet y desequilibrios en el acceso a las TIC, tanto a nivel regional como por sectores económicos.	Alta penetración y crecimiento a nivel regional Proyecto Enlaces (escuelas en todo el país: 93% con infraestructura y 50% con Internet) Fondo de desarrollo de las Telecomunicaciones Programa Nacional de Infocentros (1,500 en 2003)
8. Pobre acceso y utilización de las TI en la educación básica.	Programa Enlaces y formación de maestros (50% formados)
9. Pobre acceso y utilización de las TIC en el sector productivo, especialmente las PYMES.	Infocentros para PYMEs Programas de capacitación de SENCE
10. Pobre acceso y utilización de las TIC en el sector de gobierno.	Pago de impuestos en línea Aduanas automatizadas Automatización de trámites para empresas (32 en 2003) Buen desarrollo del e-government, comparado regionalmente.
11. Bajo desarrollo de contenidos nacionales en educación, salud, y otros sectores.	Concurso de FONDEF y FONTEC para contenidos educativos (en curso)
12. Insuficiencia de personal calificado	No se encontró información sobre programas específicos. Formación en universidades públicas y privadas.
13. Insuficiencia de fondos para la formación, dotación de infraestructura tecnológica y actividades de I+D en universidades, institutos tecnológicos, postgrados y otras instituciones de educación superior y de investigación.	No se encontró información relevante sobre programas con resultados específicos.
14. Acceso al financiamiento de las empresas del sector	No existe capital de riesgo, aunque sí iniciativas para crearlo. Fondos públicos en distintos programas.

Tabla 12.1.2 Obstáculos para el desarrollo de las TIC y respuestas chilenas

12.2 Colombia

En el área de Ciencia y Tecnología, Colombia ha logrado una cierta capacidad y consolidación de la oferta, dentro del entorno regional. La participación del BID ha sido importante en este desarrollo, con tres programas financiados hasta el momento. El último de ellos, de 200 millones de US $ (50% de aporte del banco), ya en su etapa final, con una ejecución del 97%, presentó demoras, por dificultades de presupuesto del gobierno, a partir de la crisis del 99.

Los programas han sido ejecutados por COLCIENCIAS, institución que lidera el sector, con ciertos problemas de coordinación con otros organismos gubernamentales. En los últimos años, las políticas gubernamentales se han inclinado a fortalecer la demanda del sector productivo, cambiando los esquemas tradicionales de atención predominante al sector científico, hacia la consolidación de un sistema nacional de innovación.

El nuevo gobierno, elegido recientemente (en 2002), ha iniciado reformas profundas del Estado, en búsqueda de mejorar la eficiencia administrativa. Los problemas fiscales han obligado a recortar los proyectos de inversión del BID, y a negociar un financiamiento para el déficit existente. En 2003, las previsiones de presupuesto sólo incluyen hasta el momento un proyecto en el área de vivienda, sin considerarse el área de ciencia y tecnología, por lo que la sostenibilidad de los programas actuales es incierta.

En el marco de este trabajo, fueron realizadas, en total, 8 entrevistas en Colombia y se enviaron 10 encuestas. De la información recopilada en las encuestas y entrevistas realizadas, se resumen a continuación las principales observaciones.

12.2.1. Principales problemas o nudos críticos:

1. Poca inversión nacional en ciencia y tecnología. Los incentivos existentes (incentivos fiscales, créditos, cofinanciamientos), han sido exitosos en el sentido de aumentar los porcentajes de inversión del sector productivo, pero han beneficiado, principalmente, a las grandes

empresas, no son realmente aprovechados por la PYME y no han tenido un impacto apreciable en el aumento de la competitividad del país.

2. Insuficiente número de investigadores e infraestructura. El sector académico universitario y los investigadores se encuentran en general disociados de las necesidades del sector productivo, a pesar de las iniciativas emprendidas por el Estado.

3. Hay un gran potencial en el país alrededor de la biotecnología. Por ejemplo, en el área de control biológico de plagas, Colombia obtuvo el Premio Andino otorgado por la CAF. Existen centros especializados en salud humana y en moléculas de plantas medicinales, pero la competencia se dificulta por deficiencias en infraestructura y capital humano. Se requeriría una alta inversión en estas áreas, en recursos, infraestructura e iniciativas, por ejemplo, para aprovechar el potencial que brinda la rica biodiversidad del país.

4. El acceso al financiamiento es un grave problema, especialmente para el sector PYME. El Fondo Nacional de Garantías no funciona adecuadamente. Los bancos de desarrollo se convirtieron, en la práctica, en bancos de segundo piso, que trasladan el riesgo a los de primer piso, los cuales no lo incorporan en sus mecanismos financieros. No existen capitales de riesgo en el país. El acceso a capitales de riesgo extranjeros es muy difícil, ya que los proyectos nacionales son pequeños: los proyectos nacionales están por el orden de los 50.000 a 300.000 US $ y los capitales extranjeros aprueban proyectos por el orden del millón de US$.

5. La política de compras del Estado no favorece actualmente a la industria nacional. Se trabaja, en el presente, en una legislación que brinde iguales oportunidades a los proyectos nacionales que a los extranjeros. No obstante, en general, no hay suficiente credibilidad en los productos nacionales.

6. En el área de TI, hay una gran demanda potencial de la PYME y la microempresa que representa una oportunidad para la industria nacional.

Sin embargo, sólo el 7% de la microempresa tiene computadores. No hay soluciones nacionales para la PYME.

7. El desarrollo del comercio electrónico se dificulta por limitaciones en el ancho de banda.

8. El gobierno está atrasado en procesos de automatización utilizando las TI, a nivel central, y, especialmente, a nivel de las alcaldías, que presentan un desarrollo muy heterogéneo.

9. Poca demanda del sector empresarial en ciencia y tecnología. Aproximadamente 200 empresas, en cuatro años, han tenido acceso a las exoneraciones fiscales que aprueba COLCIENCIAS, en su mayoría, a grandes empresas. Los incentivos tributarios, en Colombia, llegan al 125% sobre la renta líquida, pero, para la PYME, con muy poco margen de ganancias, esto no es significativo. La PYME colombiana se caracteriza, además, por disponer de poco personal de alto nivel, y poca "cultura" de innovación. El acceso a programas de cofinanciamiento para proyectos de innovación tecnológica, por otra parte, se dificulta en estas empresas por su poca capacidad de inversión en estas áreas, de alto costo y riesgo.

10. Problemas de seguridad nacional, asociados a la guerrilla, principalmente. Sin embargo, el sector empresarial consultado considera más graves los problemas de inestabilidad cambiaria y los cambios constantes de la legislación y las reglas de juego en el país.

11. La ley de Ciencia y Tecnología, de 1990, todavía no está reglamentada.

12. No hay incentivos suficientes para la conformación de alianzas de empresas nacionales con extranjeras.

13. El personal de las empresas, especialmente en las PYMES, no tiene suficiente nivel de formación, ni capacidades suficientes para establecer procesos de innovación.

14. Los Centros de Desarrollo Tecnológico (CDT), creados a partir de 1995, son considerados como iniciativas exitosas. Su papel como centros de vinculación entre las universidades y las empresas se ha desdibujado en los CDT más importantes. Muchos de estos centros han creado sus propios laboratorios de I+D, debido, en parte, a la poca capacidad de las Universidades para brindar una respuesta ágil y efectiva ante la demanda empresarial. Una vez agotado el capital semilla otorgado por el Estado, estos centros muestran dificultades para planificar sus actividades a mediano o largo plazo, con un proceso continuo de disminución del capital de trabajo que dificulta su crecimiento y consolidación. En uno de los casos revisados en este trabajo, la Corporación para la Investigación de la Corrosión, considerado como una experiencia exitosa de los CDT colombianos, el Centro realiza actividades tecnológicas de servicios y proyectos para la Industria, principalmente para las grandes empresas, donde la oferta del Centro se revela inicialmente competitiva gracias a los subsidios que otorga el Estado, a partir de programas de cofinanciamiento de COLCIENCIA y del SENA (50% de proyectos de innovación en grandes empresas, si trabajan con los CDT). Estos subsidios, que pueden otorgarse varias veces, sin limitaciones, para los mismos CDT y empresas, presentan la ventaja de abrir una entrada competitiva a los CDT nacientes, en el mercado de demanda de servicios de estas grandes empresas, pero la iniciativa es todavía muy reciente para evaluar la capacidad de supervivencia de estos centros, sin el apoyo del Estado. Si los Centros no disponen de capacidades suficientes, la iniciativa se verá reducida, a nuestro entender, a un subsidio (cuestionable) a procesos de innovación en grandes empresas, en su mayoría transnacionales, con poco beneficio efectivo para el país. Los CDT no atienden, en su mayoría, el mercado de la PYME, entre otras razones, porque el cofinanciamiento otorgado por el Estado (70% por COLCIENCIAS y 50% por el SENA), no es suficiente, en estas empresas, para realizar inversiones en proyectos de innovación tecnológica. La figura jurídica de los CDT es la de un ente autónomo, que puede ser una corporación mixta, aunque sin fines de lucro, lo que facilita los aportes del Estado y de grupos privados para su funcionamiento, pero dificulta su crecimiento competitivo y su acceso a los mecanismos de

crédito del sistema financiero. En el caso particular de la Corporación para la Investigación de la Corrosión, se ha logrado recientemente un contrato de servicios con una empresa eléctrica, de largo plazo, que ofrece un horizonte alentador para el Centro. En general, los CDT pueden ser exitosos si mantienen vínculos con grandes empresas. A pesar de las dificultades, son iniciativas privadas con apoyo público, que muestran potencial no sólo en Colombia, sino como práctica a ser propuesta en la región.

15. El sistema de patentes es débil y no hay suficientes mecanismos de apoyo y de información para acompañar las iniciativas innovadoras en este proceso, así como tampoco en procesos de certificación y crecimiento hacia mercados en el exterior. Las iniciativas nacionales exitosas se enfrentan a sistemas de patentes internacionales que les llevan una enorme ventaja.

16. Los desequilibrios regionales, en cuanto a capacidades en ciencia y tecnología, son pronunciados. COLCIENCIA mantiene un programa de regionalización de la C y T, con el establecimiento de agendas regionales, que todavía no ha tenido un impacto apreciable.

17. Los indicadores y sistemas de seguimiento, apenas comienzan a desarrollarse.

18. Existen numerosas trabas administrativas y dificultad de trámites para la creación de empresas en el país.

19. No hay continuidad en las políticas de inversión. Las prioridades cambian con los cambios de gobierno. Se necesitan políticas de Estado a mediano y largo plazo que se orienten al logro de objetivos y metas que pueden ser revisadas cada cierto número de años pero que busquen la consolidación de ciertos sectores fundamentales como la formación de recursos humanos para fortalecer a las universidades y el apoyo a líneas de investigación y desarrollo claves para el país como el sector agropecuario, el industrial y el de servicios con indicadores de cara a la sociedad para que ésta tome conciencia de la importancia

del conocimiento y de la ciencia y la tecnología en el desarrollo del país como un todo.

20. El factor más débil es el relacionado con el entorno macroeconómico y la situación política en el país. El déficit fiscal que afronta el gobierno es su principal preocupación y afecta también al sector privado. La situación de violencia hace que las prioridades de inversión y las políticas fiscales se prioricen a resolver ese problema y por supuesto si en tiempos menos difíciles los presupuestos para ciencia y tecnología fueron débiles, en la actual situación hay mas razones para posponer las inversiones en este sector. El sector productivo igualmente esta limitado. Por ejemplo el sector cafetero que durante 63 años financió la investigación cafetera, ahora tiene que recurrir al Gobierno para financiar estas actividades. Esto sugiere programas de innovación y de elaboración de productos derivados.

12.2.2 Experiencias exitosas

1. La instalación de 52 centros de desarrollo tecnológico (CDT), desde 1995, que fueron creados con aportes de COLCIENCIAS, pero que funcionan actualmente, en su mayor parte, con capital privado. Nacen, en su mayoría, de las propuestas de las cámaras, gremios o cadenas productivas. Son muy heterogéneos, pero entre los más exitosos, se pueden mencionar algunos en las áreas de camarones (Cartagena), en corrosión (Bucaramanga), el Instituto del Plástico (Medellín), Cenpapel (Pereira), el Centro Internacional de Física (Bogotá), entre otros. Sin embargo, son proyectos recientes, cuya sostenibilidad puede ser precaria sin los recursos del Estado (capital semilla de tres años e incentivos de cofinanciamiento para proyectos con empresas), y que presentan distorsiones preocupantes de funcionamiento (Ver comentario número 15 en el aparte anterior).

2. Los instrumentos de financiamiento para proyectos asociativos, desarrollados por COLCIENCIAS en 1995, y adoptados por el SENA y el PNP y C.

3. Los convenios de COLCIENCIAS con los bancos de segundo piso, como IFI, Bancoldex, etc., han permitido agilizar la respuesta ante el sector productivo.

4. COLCIENCIAS es una institución pequeña (aproximadamente 160 personas), pero ha logrado agilizar los tiempos de respuesta, hasta 60 días para el sector empresarial, como aportes de segundo piso con la participación de la banca privada, y entre seis y nueve meses para los proyectos de investigación. Sin embargo, la banca privada termina por ser muy rígida y presenta obstáculos para el acceso al financiamiento, sobre todo de las PYME's y CDT's.

5. Los incentivos fiscales para apoyar la innovación tecnológica, han hecho que aumente la participación del sector productivo.

6. Se han creado doce incubadoras en seis ciudades, con capital semilla de COLCIENCIAS (aporte inicial por dos años), pero que luego funcionan con capital privado.

7. Se está cerrando una convocatoria pública para la realización de estudios de prospectiva tecnológica en doce cadenas productivas. Existen 28 convenios de competitividad entre las empresas de las cadenas productivas. Las iniciativas son promocionadas por el Ministerio de Comercio Exterior, a través de Encuentros de Competitividad que se realizan cada seis meses.

8. Se han conformado redes de cooperación productiva, o "clusters" exitosos, en las áreas de la caña de azúcar, con la producción de ácido láctico y combustible (Valle del Cauca), palma (cultivos, aceites, biocombustibles), piscicultura (cachama, trucha, tilapia), frutas (con generación de sabores para exportación, principalmente a Japón), software (alrededor de las incubadoras de Cali y Medellín, con el caso resaltante de una empresa que exporta imágenes a Hollywood), entre otros. Las redes agrícolas se conforman, en general, alrededor de las grandes empresas existentes.

9. Iniciativa de dotar de computadores a las microempresas, por parte del sector privado en Medellín. Se otorgarán 200 computadores a precios preferenciales, cuyo costo podrá ser incorporado a la factura del teléfono, para facilitar su pago.

10. La iniciativa de la Agenda Conectividad, del Ministerio de Comunicaciones, es calificada como una de las más exitosas del gobierno. Se han otorgado exoneraciones de impuestos (IVA) para la compra de PC's. Se han iniciado programas de formación de nueve meses para 5,000 becarios, para lo cual se eligieron once empresas nacionales que se aliaron con formadores internacionales, principalmente de la India. En la segunda etapa del programa se prevé la creación de "fábricas de software", a partir de un fondo de 2 MM de US $, para la cofinanciación de iniciativas que aprovechen la mano de obra de los programadores certificados internacionalmente.

11. Hay actualmente, alrededor de once empresas exportando software, especialmente aplicaciones para el sector hospitalario y administrativo.

11. El museo interactivo de Ciencias: MALOCA.

12. Las misiones tecnológicas, financiadas por COLCIENCIAS, han contribuido a incentivar una cultura de la innovación en el sector PYME.

13. Se ha comenzado una iniciativa para la formación de oficinas de transferencia en las universidades (OTRIS)

14. La corporación CORPOGEN, sin fines de lucro, se fundó en 1995 a partir del apoyo de la incubadora "INNOVAR", en Bogotá, con el trabajo de cinco científicos reputados en el área de biología molecular. Se desarrollan actualmente, con 17 investigadores, en tres áreas: investigación en salud, desarrollo y venta de productos científicos, y capacitación. El financiamiento, desde 1996 a 1998, provino casi totalmente (en un 90%), de la Unión Europea y de otras fuentes para proyectos de investigación e infraestructura. COLCIENCIAS

contribuyó con programas de fortalecimiento y el cofinanciamiento de proyectos con empresas. Desde 1999, obtuvieron recursos (un 80% del presupuesto de la corporación), a partir de trabajos realizados con SENIAQUA (un CDT ubicado en Cartagena), en el diagnóstico molecular del virus del camarón, que afectó de manera importante la producción colombiana. El éxito en estas tareas les dio credibilidad y proyección. Actualmente trabajan con el diagnóstico molecular de la tuberculosis y han desarrollado un kit, pero enfrentan dificultades para el proceso de patentarlo (muy costoso y no tienen apoyo). Carecen de capacidades para dar el salto, desde una corporación sin fines de lucro, hacia una empresa capaz de comercializar y de desarrollarse competitivamente, o de establecer alianzas con otras empresas que les permitan ubicar sus productos.

15. Las iniciativas del Centro Nacional de Investigaciones el Café (CENICAFE), con aportes en su mayoría del sector privado, en el Mejoramiento Genético del Café (nuevas variedades resistentes a la roya), Manejo Integrado de la broca del café (nuevas tecnologías para control de plagas), Beneficio ecológico del café (una nueva tecnología que sin dañar la calidad, resuelve el problema de la contaminación del agua), Mecanización de la cosecha del café (se han desarrollado nuevas técnicas manuales y mecanizadas para reducir el costo de la cosecha del café y para mantener la competitividad del café colombiano)

12.2.3 Resumen de las recomendaciones recogidas en entrevistas y encuestas:

1. La creación de fondos de capital de riesgo es una necesidad vital para apoyar las iniciativas innovadoras del país.

2. Solicitud al BID de otorgar fondos de crédito más blando, con condiciones más favorables, dada la baja capacidad de endeudamiento del país.

3. La creación de programas específicos para la inserción de personal de alto nivel en la PYME, así como para la formación de los empresarios.

4. Los subsidios para proyectos tecnológicos en las empresas son poco efectivos aisladamente. El énfasis, dada la situación de la PYME nacional, debe ser hecho en el financiamiento de diagnósticos de competitividad, misiones tecnológicas, formación del personal de las empresas, inserción de personal de alto nivel, apoyo tecnológico, extensión tecnológica, asociatividad y procesos de exportación.

5. La creación de un centro regional de formación y de I+D en biotecnología, para aprovechar las capacidades y desarrollo de los distintos países y favorecer la integración regional. La propuesta específica al organismos multilaterales es la de desarrollar un programa regional en biotecnología. En particular, destinado al diagnóstico, aislamiento y patentes de cadenas genómicas, para enfrentar la competencia de los sistemas internacionales de patentes, en especial en el área de biología molecular, y asociado a la rica biodiversidad de la región.

6. La creación de incentivos para la asociación de empresas nacionales y alianzas con empresas internacionales.

7. La regulación de los incentivos existentes, orientándolos a favorecer el sector PYME.

12.2.4 Resumen de conclusiones

Las tablas 12.2.1 y 12.2.2 muestran una síntesis de las políticas, estrategias, instrumentos y acciones utilizadas en la respuesta a los problemas típicos que fueron listados en la sección 3.

Estas tablas no pretenden ser exhaustivas, pero indican las respuestas relevantes que ha dado el país a los problemas tipificados, según la información recopilada. El hecho de que, en algunos renglones específicos, se indique en las tablas que no se consiguió la información, no quiere decir que no existan políticas o iniciativas actuales orientadas a ese tema, sino que, en el curso del trabajo, no se recogió información acerca de programas específicos relevantes en esas áreas.

Los problemas sombreados fueron considerados, de acuerdo con los testimonios recogidos a partir de las entrevistas realizadas, y de las encuestas recibidas, como obstáculos muy graves, o problemas prioritarios que no han recibido atención suficiente por parte del Estado, y cuya solución es determinante para garantizar el impacto de los planes de desarrollo en ciencia, tecnología e innovación.

Problema Típico de CyT en América Latina	Repuesta en Colombia
1. Falta de reconocimiento, en las esferas gubernamentales y sociales, de la relevancia del tema para el desarrollo del país.	Estatus legal del SNCT. Programas de divulgación. Museo de Ciencia Interactivo.
2. Debilidad, ausencia, incoherencia o inadecuación de las políticas, estrategias e instrumentos públicos vigentes.	Formulación de planes nacionales
3. Ausencia de un marco jurídico y de incentivos apropiados.	Ley de ciencia y tecnología, 1990, sin reglamento Incentivos fiscales directos a proyectos de innovación tecnológica, previa aprobación de COLCIENCIAS
4. Insuficiencia de recursos asignados al esfuerzo nacional en este campo	Incentivos para la participación del sector privado
5. Dispersión y poco impacto de los recursos de inversión.	Planes Nacionales en sectores de importancia para el país Conformación de redes regionales y nacionales
6. Debilidad institucional en el sector público	Reforma del Estado en curso
7. Esfuerzos individuales, aislados y poco eficaces, tanto a nivel de las instituciones públicas como por parte de los componentes científicos y empresariales.	Planes regionales Coordinación del SNCTI asignada a COLCIENCIAS Clusters de empresas Planes de competitividad en cadenas productivas. Red de Centros de Desarrollos Tecnológico (CGT) Red de Incubadoras
8. Discontinuidad en la definición y aplicación de políticas	Convocatorias a ejercicios de prospectiva en cadenas productivas
9. Inexistencia de indicadores de desempeño y de impacto de las políticas y programas implementados	Observatorio de Ciencia y Tecnología (COLCIENCIAS)
10. Debilidad en la evaluación y seguimiento de la gestión	Existen iniciativas de seguimiento y gestión, en vías de ser mejoradas
11. Desvinculación de las actividades de I+D con la necesidades del país.	Unidades de vinculación universidad-empresa Incubadoras Centros de Desarrollo Tecnológico
12. Falta de visibilidad y credibilidad del sector científico	Programas de divulgación No se encontró información suficiente.
13. Debate ideologizado y estéril entre "ciencia básica" y "ciencia aplicada"	Prioridad a los programas nacionales Presencia de financiamientos para ambos sectores Instrumentos del PIDT para sector productivo.
14. Desequilibrios entre la oferta y la demanda de CyT (la oferta no se corresponde con la demanda, y hay debilidad en la demanda, tanto del sector productivo como del gubernamental y de la sociedad en general)	Incentivos directos a la innovación. Programas regionales

Problema Típico de CyT en América Latina	Repuesta en Colombia
15. Debilidad en la demanda de conocimiento de los gobiernos locales y desconocimiento del sector Ciencia y Tecnología en las regiones del interior de los países.	Agendas Regionales de COLCIENCIAS
16. Desequilibrios regionales: concentración geográfica del esfuerzo en Ciencia y Tecnología en la región capital, principalmente.	Agendas Regionales de COLCIENCIAS
17. Base insuficiente de recursos humanos calificados y de infraestructura para actividades de I+D	Becas, fortalecimiento a postgrados, programas de formación.
18. Ausencia o deficiencia de redes de apoyo tecnológico, sistemas de información y de financiamiento para el sector empresarial, particularmente para impulsar procesos de innovación en las PYMES.	Redes de Centros de Desarrollo Tecnológico Convenios de COLCIENCIAS con bancos de segundo piso.
19. Insuficiencia del marco institucional para la promoción de la innovación, la calidad y la competitividad en el sector productivo	Ley para PYMES Incentivos
20. Poca vinculación entre los sectores empresariales y académicos	Centros de Desarrollo Tecnológico
21. Debilidades de las PYMES para el desarrollo de la competitividad: poco empleo de talento humano de alto nivel, poca disposición a conformar redes de cooperación productiva, ausencia de capacidades para gestionar e implementar procesos de innovación.	Programas de formación del SENA
22. Poca colaboración entre países de América Latina y dependencia de los países desarrollados	-Propuestas del Cacyt (Consejo Andino de C y T), sin mayor efectividad. -Inicio de cooperación de programas PCP con Venezuela y Francia. -No se encontró más información de programas con resultados específicos en publicaciones u otros, pero existen convenios de cooperación
23. Escasa transparencia y participación social en la formulación, ejecución de políticas. Poco consenso en visión común de objetivos y estrategias	Encuentros de competitividad en cadenas productivas. Prospectiva

Tabla 12.2.1 Problemas Típicos en C y T y respuestas colombianas

Problemas en desarrollo de TIC	Repuesta en Colombia
1. Ausencia, insuficiencia o inadecuación de las políticas e instrumentos públicos para el desarrollo de las TIC	Políticas, planes y programas del Ministerio de Comunicaciones.
2. Ausencia o debilidad de las instituciones públicas encargadas de formular, gestionar y ejecutar las políticas, planes y programas en TIC.	Reforma institucional reciente
3. Falta de de reconocimiento de la importancia de las TIC para el desarrollo nacional, por parte del sector público y de la sociedad en general.	Agenda Conectividad Programas de Formación en TI
4. Ausencia o debilidad del marco jurídico y de los incentivos apropiados para el desarrollo de las TIC.	Incentivos para la adquisición de PC
5. Insuficiente inversión nacional en este sector.	Fondos en programas específicos, a través de instituciones públicas No se encontró información suficiente sobre inversión privada.
6. Monopolio en Telecomunicaciones	Apertura
7. Baja penetración de Internet y desequilibrios en el acceso a las TIC, tanto a nivel regional como por sectores económicos.	Agenda Conectividad Centros de acceso comunitarios
8. Pobre acceso y utilización de las TI en la educación básica.	Portal Educativo para formación de maestros Conectividad para escuelas
9. Pobre acceso y utilización de las TIC en el sector productivo, especialmente las PYMES.	Agenda Conectividad No se encontró más información sobre programas específicos, con resultados de impacto.
10. Pobre acceso y utilización de las TIC en el sector de gobierno.	Agenda Conectividad Existen esfuerzos para el desarrollo del gobierno electrónico.
11. Bajo desarrollo de contenidos nacionales en educación, salud, y otros sectores.	No se encontró información sobre programas específicos.
12. Insuficiencia de personal calificado	Proyecto INTELIGENTE para formación de 5000 especialistas
13. Insuficiencia de fondos para la formación, dotación de infraestructura tecnológica y actividades de I+D en universidades, institutos tecnológicos, postgrados y otras instituciones de educación superior y de investigación.	Programas de COLCIENCIAS
14. Acceso al financiamiento de las empresas del sector	No existe capital de riesgo, aunque existen iniciativas en curso. Fondos y programas públicos

Tabla 12.2.2 Obstáculos para el desarrollo de las TIC y respuestas colombianas.

12.3 Uruguay

Como en el resto de los países incluidos en este estudio, las políticas en materia de ciencia y tecnología, tradicionalmente centradas en el fortalecimiento de las capacidades y de la oferta en I+D, han cambiado recientemente, para favorecer la vinculación de la oferta con la demanda, y la orientación de estas actividades hacia procesos de innovación, e incremento de la competitividad del sector productivo, en áreas de oportunidad.

También ha habido cambios institucionales recientes, con la creación de la DINACYT, ente rector en materia de ciencia y tecnología, una dirección dentro del Ministerio de Educación y Cultura.

Fueron realizadas, en total, 7 entrevistas en Uruguay y se enviaron 10 encuestas. De la información recopilada en las encuestas y entrevistas realizadas, se resumen a continuación las principales observaciones.

12.3.1 Principales problemas o nudos críticos:

1. El contexto económico actual es muy difícil para el desarrollo de procesos de innovación. La exportación de productos de valor agregado se efectúa principalmente a Argentina y Brasil, y se dificulta en el actual contexto de regional. La crisis argentina impacta fuertemente la situación del sistema financiero en Uruguay. Se espera, en 2002, un decrecimiento económico del 5%.

2. Hay una gran desconfianza entre los actores del sector científico del sistema. La DINACYT es vista por el sector de investigación y universitario, como una institución burocrática con poco liderazgo y legitimidad, creada por razones políticas coyunturales, y con personal directivo poco calificado para ejercer sus funciones. Por otro lado, el sector empresarial no valora y desconfía de las labores universitarias en I+D.

3. Hay una gran falta de coordinación y ausencia de diálogo entre las universidades y los organismos gubernamentales. Dentro de las

Universidades, no hay una estrategia clara ni prioridades en materia de I+D. Hay poco estímulo, en las Universidades, para las actividades de I+D y problemas presupuestarios.

4. Hay una muy pobre coordinación entre los ministerios competentes en políticas económicas y la DINACYT Dirección Nacional de Ciencia y Tecnología del Ministerio de Educación y Cultura). Tampoco con el Programa Nacional de Prospectiva, desarrollado desde la Presidencia, ni con el Comité para la Sociedad de la Información. En cuanto al Programa Nacional de Prospectiva, es sorprendente el hecho de que el rector de la Universidad de la República no lo conoce, siendo éste un indicador más de la falta de integración y aislamiento de las acciones de los distintos componentes del sistema.

5. La definición de las políticas nacionales aparece para los representantes del sector académico como poco transparente y poco adecuada para la situación nacional. El proceso de selección de las áreas de oportunidad, donde se focalizan los recursos de inversión pública a través del PDT (Programa de Desarrollo Tecnológico), no fue suficientemente participativo, por lo que es criticado por los usuarios del sistema. Fue basado en encuestas a actores sociales, fundamentalmente, personalidades políticas. Las políticas en Ciencia y Tecnología, y el programa PDT, financiado por el BID, específicamente, son vistos como un paquete de lineamientos quizás válidos en otros países, pero poco adecuados a las necesidades y particularidades del país, que requiere soluciones creativas para aprovechar las fortalezas existentes y evitar la dispersión de recursos.

6. Las experiencias innovadoras exitosas del sector empresarial han surgido sin la decidida contribución del Estado. Por el contrario, las políticas estatales no parecen ser adecuadas para apoyar las fortalezas y circuitos innovadores que surgen espontáneamente, muchas veces obstaculizando su crecimiento (de acuerdo a algunos de los actores entrevistados). Un ejemplo fue el cierre de las empresas uruguayas de vacunas contra la fiebre aftosa en 1994. Estas empresas abastecían el mercado nacional y competían en el mercado regional exitosamente,

con procesos y productos innovadores. En este caso, con el cierre de las empresas, el sector empresarial promovió un juicio contra el Estado, todavía en curso.

7. No existen políticas de compras tecnológicas del Estado orientadas a incentivar la productividad nacional. Las grandes empresas públicas uruguayas (Energía, petróleo, agua) tienen una demanda sofisticada, mantenida en el tiempo y recursos, pero compran afuera, no utilizando suficientemente la oferta nacional.

8. Las políticas en ciencia y tecnología, destinadas hasta ahora a incrementar capacidades, no han sido acompañadas del fortalecimiento de la demanda y la creación de oportunidades para utilizar la oferta creada. Esto ha propiciado la migración de talentos hacia el extranjero.

9. La inversión en los programas y políticas de Ciencia y Tecnología es muy escasa a nivel nacional. Actualmente, se financian, casi totalmente, con fondos públicos. Este factor pone en duda la sostenibilidad y la continuidad de las políticas y programas actuales.

10. No existen datos oficiales sobre la inversión del sector privado. Sin embargo, se conoce que el sector privado invierte esfuerzos importantes en procesos de innovación, y ha emprendido iniciativas de creación de zonas de alta tecnología como Silicon-Plaza y Biotech-Plaza.

11. El acceso de la PYME al financiamiento es un obstáculo grave. No existen Bancos de Desarrollo. La Corporación Nacional de Desarrollo (CND) goza de poca credibilidad. Es considerada un "cementerio de proyectos", según algunos de los testimonios recogidos. No existen capitales de riesgo en Uruguay

12. El tema de la pertinencia de otorgar incentivos directos a las actividades de CTI del sector empresarial fue descalificado en algunos de los testimonios recogidos, por considerarse que no tendrían impacto, dados los problemas existentes de alta evasión fiscal.

13. El problema de la continuidad de las políticas y programas fue considerado grave en muchos de los testimonios recogidos. Muchas iniciativas y programas emprendidos se paralizan, sin llegar a resultados reales, ya sea por cambios en los gobiernos y orientaciones políticas, o por la discontinuidad de los recursos de financiamiento, sobre todo en el caso de créditos de organismos multilaterales.

14. Los instrumentos disponibles en el PDT, programa con financiamiento del BID, actualmente en ejecución, no han sido exitosos para fortalecer la demanda, redes y asociaciones del sector productivo. Los sectores dominantes en la economía del país no se reflejan en los proyectos aprobados hasta ahora dentro del PDT. Los instrumentos de financiamiento no son adecuados, especialmente para proyectos asociativos de empresas, en parte, porque no existen organismos o instrumentos articuladores de redes, capaces de asumir los costos de transacción en la conformación de asociaciones.

15. Los mecanismos de vinculación empresa-universidad no han sido hasta ahora exitosos. Este es el caso del Centro de Gestión Tecnológica, CEGETEC, que se encuentra actualmente en una situación deficitaria.

16. Los mecanismos de evaluación y seguimiento de los programas y proyectos financiados por los organismos públicos y la Universidad son incipientes y poco sistematizados.

12.3.2 Experiencias exitosas

a) La industria del software

Existen, aproximadamente, 170 empresas en la Cámara Uruguaya del Software. Este sector ha tenido un desarrollo importante hacia la exportación, con un monto aproximado de US $ 80 millones en 2001. Este crecimiento se ha producido con poco estímulo por parte del Estado. No hubo políticas específicas desde el gobierno para fortalecer al sector e impulsar este crecimiento.

Seis o siete años atrás había muy poco en TI en Uruguay. El desarrollo de empresas privadas, que sólo se conocen desde hace dos años, provino principalmente de iniciativas de estudiantes y profesores salidos de la Universidad. Las edades promedio de estos empresarios oscilan entre los 35 y los 45 años, actualmente. El sistema educativo uruguayo en ingeniería de sistemas, ha sido de calidad, y un verdadero semillero para esta capacidad empresarial. Siendo el mercado nacional muy pequeño, desde sus inicios, la producción se orientó a la exportación, en un ambiente muy competitivo, que ha hecho que las empresas hayan establecido capacidades de adaptación a la demanda, procesos de innovación y estrategias orientadas a nichos de mercado específicos, con desarrollo de productos propios. Esto establece una diferencia con el caso chileno, donde el sector está, fundamentalmente, orientado a la integración de productos foráneos, actualmente con relativamente pocos desarrollos propios.

La mayor parte de las empresas se ubican en la zona franca de Montevideo (Zonamérica).
Los principales mercados de exportación son Argentina, Chile, Colombia y Perú, extendiéndose actualmente a países centroamericanos.

La exportación del sector incluye: productos, servicios de licencia, consultoría, formación y facturación de filiales de empresas uruguayas. Los productos más exitosos son, principalmente, herramientas de desarrollo, productos de negocios y gerencia, o aplicaciones para los sectores bancarios y financieros. El caso más emblemático, desde el punto de vista innovador, es el de GENEXUS (www.genexus.com).

La demanda del mercado interno es limitada y poco exigente. El impacto del crecimiento del sector de software, a nivel interno, en la modernización y competitividad de otros sectores productivos del país, ha sido, sin embargo, limitado. Las aplicaciones se han enfocado en algunas experiencias en los sectores agroproductivos (cítricos), en el seguimiento de la cadena de producción, forestal, construcción y telefónico, principalmente.

Las políticas de compras del estado no han sido favorables para estas empresas.

El desarrollo del gobierno electrónico es incipiente, en parte por restricciones presupuestarias. Está en discusión un proyecto de ley de firma electrónica, que debe favorecer el desarrollo de las transacciones de comercio electrónico, no muy desarrollado en Uruguay.

Los principales obstáculos que enfrenta este sector empresarial tienen que ver con las dificultades de acceso al financiamiento. No hay capitales de riesgo en el país, y este es un problema clave, que restringe el crecimiento del sector. El PDT financia algunas iniciativas interesantes, como la de la empresa IDEASOFT.

En el aspecto de formación, no hay mayores obstáculos a nivel tecnológico, con una activa actualización del personal a través de un fuerte contacto internacional. La mayor deficiencia se encuentra en la formación empresarial. Está en creación el Centro Académico Industrial de TI (CAITI), con aportes del gobierno y del sector privado, destinado a apuntalar el desarrollo de centros de formación. Otro problema en esta área, que debe preverse a corto plazo dado el crecimiento del sector, es la insuficiencia de egresados, técnicos, profesionales y especialistas en TI. Existe una infraestructura en las Universidades públicas y privadas que, de ser apoyada, se estima que podría dar cuenta de esta deficiencia.

En los aspectos de infraestructura tecnológica nacional y conectividad, ha habido desarrollo, pero limitado por el monopolio de la empresa pública ANTEL en telefonía básica. Los costos de conectividad son altos. Este monopolio no se ejerce dentro de las zonas francas, en la cuales hay una infraestructura más adelantada.

En el sitio www.cursoft.org.uy puede encontrarse un panorama del sector.

b) Existen algunas experiencias aisladas de PYMES innovadoras o de circuitos de innovación en otros sectores de uso intensivo del conocimiento, entre las que pueden citarse:

- En biotecnología, puede citarse el caso de la empresa AT Gen, un spin-off de la facultad de ciencias de la Universidad de la República.

Esta es una empresa naciente, todavía no consolidada, que cuenta con financiamiento del PDT. Otro caso es la empresa CLAUSEN, con un proyecto en Tromboproyectina Recombinante, también apoyado por el PDT.

- En ingeniería biomédica, en particular, en la producción de marcapasos electrónicos y producción de ingeniería para el sector médico internacional.
- En la producción de dispositivos electrónicos de medida y control, en particular, control de ascensores y otros.
- En la producción de kits de inmunodiagnóstico.
- En la producción de vacunas veterinarias innovativas a nivel mundial.
- En la producción de elementos de biotecnología vegetal de alto impacto.
- La experiencia de cría de esturiones en el embalse del Río Negro ha conducido a iniciar exportaciones de caviar con un impacto exitoso y favorables expectativas de crecimiento.

Estas experiencias innovadoras constituyen casos aislados, de aparición espontánea, con poco o ningún apoyo o intervención del gobierno. Las políticas del Estado no se han ocupado, puntualmente, de proteger y fortalecer estas iniciativas, algunas de las cuales son muy frágiles, y su desarrollo podría verse obstaculizado por un entorno poco favorable, en un contexto donde los sistemas nacionales de ciencia, tecnología e innovación no existen, sino como un objetivo todavía lejano de las políticas vigentes.

c) Iniciativas de la Facultad de Química de la Universidad de la República.

Esta Facultad ha iniciado esfuerzos de vinculación de las actividades de I+D con el sector productivo, con la creación de una incubadora de empresas y de un polo tecnológico. En realidad, la idea, que parece prometedora, es la de incubar departamentos de I+D para empresas en los sectores de química fina, biotecnología e industria farmacéutica.

La iniciativa, emprendida por el sector universitario, con la participación del sector privado (FUNDAQUIM y URUTEC) a través de un consorcio, enfrenta problemas de financiamiento.

Otra experiencia exitosa en la Facultad de Química, ha sido la de incorporar, en los cursos de pregrado, materias obligatorias de gerencia y formación empresarial, iniciativa que no ha sido todavía replicada en otras facultades de la Universidad de la República.

d) La Mesa de la Cebada.

Es una experiencia exitosa de vinculación académica con el sector productivo. Este es un mecanismo de concertación oferta-demanda que ha permitido el desarrollo de proyectos específicos, que responden a necesidades básicas de la industria. La iniciativa de la mesa proviene del sector productivo. Se han organizado "mesas" en otros sectores, con menores resultados.

e) Iniciativas de la Universidad de la República para promover la vinculación universidad-sociedad.

La transformación del régimen de dedicación exclusiva, en 1996, abrió la posibilidad de que el personal académico universitario pudiera dedicar hasta un 20% de su tiempo en tareas de alta calificación para la empresa.

Los programas de vinculación con el sector productivo implementados por la Comisión Sectorial de Investigación Científica (CSIC), con algunas experiencias exitosas en producción de miel, lana, y otros. La aproximación del sector productivo es espontánea. No se establecen prioridades ni estrategias de inversión específicas.

12.3.3 Resumen de las recomendaciones recogidas en entrevistas y encuestas:

1. Orientar las políticas de desarrollo científico y tecnológico en Uruguay, no solamente hacia el desarrollo global de un Sistema Nacional de Innovación, sino privilegiando ciertos sectores estratégicos, con capacidades innovadoras y potencial competitivo y fortaleciendo los circuitos y experiencias innovadoras ya existentes, como los que se mencionaron anteriormente.

2. Las políticas no deben ser restrictivas, sino que deben permitir espacios abiertos a la aparición de experiencias espontáneas de innovación. En el entorno uruguayo, no parece posible sistematizar los procesos de innovación, por lo que deben implementarse políticas y estrategias creativas, para detectar y cuidar las experiencias exitosas y hacerlas crecer.

3. En Uruguay deben aprovecharse algunas capacidades existentes que podrían ponerse al servicio de verdaderos circuitos de innovación, todavía no articulados:

   I. ingeniería ambiental
   II. ingeniería biomédica
   III. tratamiento digital de imágenes, para uso médico y de control de calidad sofisticado
   IV. sistemas de control de parámetros medioambientales
   V. formas alternativas de producción energética

4. Implementar estrategias para la creación y densificación de circuitos de innovación específicos, alrededor de problemas concretos, identificando y conectando a los actores pertinentes.

5. Un programa con objetivos específicos dentro del desarrollo en C y T, debería orientarse a la incorporación de valor agregado intensivo en conocimiento, a productos primarios, que son la base principal de la economía uruguaya: carne, lana, etc. Esta estrategia se orientaría a desarrollar industrias de alta tecnología nacional en las vías paralelas a la producción de primarios, utilizando las nuevas tecnologías como vectores de modernización en estas industrias.

   Por ejemplo, alrededor de la producción de la carne, los problemas de sanidad y la obtención de certificaciones de alto valor agregado, que son una carencia actual, pueden impulsarse con el desarrollo de la biotecnología y la ingeniería de sistemas de control de la calidad.

Asimismo, la industria electrónica y de software nacional puede activarse y crecer alrededor del fortalecimiento de la competitividad de sectores productivos primarios.

6. Debe formularse una política adecuada de las compras tecnológicas del Estado. La demanda de las grandes empresas públicas puede aprovecharse para impulsar el desarrollo de la industria nacional.

7. Las políticas orientadas a las PYMES deben ser formuladas con una mayor intervención del Estado en la creación de sistemas de extensionismo activo en sectores reacios al cambio. Asimismo, deben establecerse estrategias orientadas a la democratización del acceso al conocimiento de las PYMES.

8. La creación de fondos de capital de riesgo es fundamental para impulsar la innovación.

9. Los organismos multilaterales así como los de integración y cooperación regional deben intervenir en la creación de un fondo de financiamiento de las actividades de ciencia, tecnología e innovación para los países subdesarrollados. La sugerencia es que los países desarrollados aporten el 1% de su presupuesto anual en estas actividades para la constitución de este fondo. Actualmente, se supone que los países de la OCDE deben aportar el 1% del PIB para la ayuda a países subdesarrollados. Según los testimonios recogidos, el único país que cumple con esta disposición, en la práctica, es Dinamarca.

10. Los instrumentos que utiliza actualmente el PDT con los objetivos de fortalecer la demanda del sector empresarial, especialmente en proyectos asociativos, no han dado el resultado esperado, por lo que deben revisarse. La sugerencia es atender a los obstáculos que presentan las empresas para presentar proyectos (por ejemplo, los costos de transacción), para revisar la efectividad de los instrumentos propuestos.

11. Apoyar la introducción de asignaturas de capacitación empresarial en los cursos universitarios para formar profesionales.

12. Buscar mecanismos de consenso en el establecimiento de políticas, la selección de áreas de oportunidad y la formulación de programas, propiciando un ámbito de discusión apropiado, que integre a todos los sectores.

13. Fortalecer el sector TI con fondos de financiamiento para el sector privado, en programas de formación.

14. Proponer fuentes y mecanismos de financiamiento sostenibles en el tiempo (sector privado, fondos internacionales de cooperación), para garantizar la continuidad de los programas actuales. Algunas de las sugerencias recogidas incluyen la creación de fondos sectoriales para áreas estratégicas, con fortalezas existentes y con potencial competitivo, medidas impositivas y/o de incentivos a las grandes empresas, la orientación de la demanda de las grandes empresas públicas y del sector gobierno, la formación de capitales de riesgo, entre otras.

15. Debe hacerse un esfuerzo mayor en los estudios previos que conducen a la formulación de los programas financiados por organismos multilaterales, con el fin de identificar las fortalezas y capacidades existentes en el país, y crear oportunidades de utilizar la oferta existente alrededor de proyectos que creen o consoliden circuitos de innovación específicos. Con esto se lograrían programas más acordes con las necesidades del país.

16. Deben desarrollarse estrategias que acompañen toda la cadena de la producción y el mercado de los productos uruguayos, llegando hasta los aspectos de imagen-país, credibilidad de productos, calidad, en la etapa de exportación. Seleccionar una cadena específica como oportunidad, para apoyarla en todos sus eslabones.

17. Se sugiere incluir, en los programas más importantes de financiamiento, como los contemplados en los préstamos multilaterales, instrumentos específicos de apoyo para la formación o fortalecimiento de clusters innovadores.

18. Los interlocutores del convenio PDT, son duramente criticados actualmente, y algunos interlocutores consideran que no son los más adecuados. Algunos de los testimonios recogidos sugieren que los interlocutores deberían estar en el área económica, que el Ministerio de Economía debería ser la contraparte. El sector académico no es de la misma opinión.

19. Se deben orientar estrategias específicas para reforzar las instituciones, otorgar legitimidad en la asignación de los roles, aclarar los roles y crear sinergias y disminuir los conflictos. Es necesario innovar en las Instituciones públicas, en los mecanismos de formulación de políticas y de gestión. Una de las sugerencias recogidas es la de aprovechar estructuras mixtas (del Estado y privadas), para la coordinación y ejecución de programas. También deben establecerse mesas de negociación para la formulación de políticas, así como el uso de metodologías de prospección para la definición de estrategias y de programas de financiamiento.

20. Se propone el fortalecimiento de cadenas regionales, aprovechando y complementando las fortalezas de cada país. Esto incluiría, por ejemplo, la creación y fortalecimiento de postgrados regionales, la creación de redes de cooperación (no sólo en el ámbito científico y de desarrollo tecnológico, sino también en el productivo), el fortalecimiento de sistemas de evaluación regionales, la creación de fondos regionales para C y T, de fondos de capital de riesgo para Latinoamérica, entre otros. Este tipo de programas apuntalarían el desarrollo de mercados y la integración regional.

21. Se propone la organización de reuniones regionales de intercambio y discusión sobre las políticas y experiencias de los distintos países de la región en ciencia, tecnología e innovación.

12.3.4 Resumen de conclusiones

Las tablas 12.3.1 y 12.3.2 muestran una síntesis de las políticas, estrategias, instrumentos y acciones utilizadas en la respuesta a los problemas típicos que fueron listados en la sección 3.

Estas tablas no pretenden ser exhaustivas, pero indican las respuestas relevantes que ha dado el país a los problemas tipificados, según la información recopilada. El hecho de que, en algunos renglones específicos, se indique en las tablas que no se consiguió la información, no quiere decir que no existan políticas o iniciativas actuales orientadas a ese tema, sino que, en el curso del trabajo, no se consiguió información acerca de programas específicos relevantes en esas áreas, con logros significativos.

Los problemas sombreados fueron considerados, de acuerdo con los testimonios recogidos, como obstáculos muy graves, o problemas prioritarios que no han recibido atención suficiente por parte del Estado, y cuya solución es determinante para garantizar el impacto de los planes de desarrollo en ciencia, tecnología e innovación.

Problema Típico de CyT en América Latina	Repuesta en Uruguay
1. Falta de reconocimiento, en las esferas gubernamentales y sociales, de la relevancia del tema para el desarrollo del país.	Creación de la Dirección Nacional de C y T en el Ministerio de Educación y Cultura Programa de Desarrollo tecnológico, con apoyo del BID
2. Debilidad, ausencia, incoherencia o inadecuación de las políticas, estrategias e instrumentos públicos vigentes.	Establecimiento de programas de prospección científica y tecnológica, adscritos a la Presidencia de la República. Definición de áreas de oportunidad Programa de Desarrollo tecnológico (PDT), con apoyo del BID
3. Ausencia de un marco jurídico y de incentivos apropiados.	No existen incentivos específicos para la innovación Zonas francas de alta tecnología . Incentivos para la exportación. Incentivos para I+D, poco utilizados por sector privado
4. Insuficiencia de recursos asignados al esfuerzo nacional en este campo	Falta de reflexión y de consenso para definir estrategias para encarar este problema, así como para garantizar la sustentabilidad de programas iniciados con financiamiento multilateral
5. Dispersión y poco impacto de los recursos de inversión.	Definición de Áreas de Oportunidad. Programa de Prospectiva. Estrategias de vinculación universidad- empresa
6. Debilidad institucional en el sector público	Debilidad, poca credibilidad y liderazgo de la DINACYT Poca credibilidad de la Corporación Nacional de Desarrollo
7. Esfuerzos individuales, aislados y poco eficaces, tanto a nivel de las instituciones públicas como por parte de los componentes científicos y empresariales.	No existen estrategias (o no han sido exitosas) para propiciar sinergias entre universidades y DINACYT, o entre sector productivo y DINACYT. Los instrumentos del BID para apoyar proyectos asociativos de empresas no han sido exitosos. No existe coordinación formal o los mecanismos son débiles, entre la DINACYT y otros Ministerios: Economía, Industria o con la Comisión para la Sociedad de la Información y el Programa de Prospectiva (Presidencia), o con la Universidad de la República (CSIC). La Mesa de la Cebada y otras.
8. Discontinuidad en la definición y aplicación de políticas	Establecimiento de programas de prospección científica y tecnológica, adscritos a la Presidencia de la República.
9. Inexistencia de indicadores de desempeño y de impacto de las políticas y programas implementados	Esfuerzos recientes de DINACYT para actualizar indicadores en I+D. Estos indicadores no incluyen información del sector privado. Encuesta reciente de innovación (DINACYT)
10. Debilidad en la evaluación y seguimiento de la gestión	No existen sistemas específicos de evaluación y seguimiento en actividades de ciencia, tecnología e innovación.
11. Desvinculación de las actividades de I+D con la necesidades del país.	Definición de áreas de oportunidad
12. Falta de visibilidad y credibilidad del sector científico	Programas de divulgación. No se encontró información suficiente.
13. Debate ideologizado y estéril entre "ciencia básica" y "ciencia aplicada"	Prioridad a la "ciencia útil" en áreas de oportunidad

Problema Típico de CyT en América Latina	Repuesta en Uruguay
14. Desequilibrios entre la oferta y la demanda de CyT (la oferta no se corresponde con la demanda, y hay debilidad en la demanda, tanto del sector productivo como del gubernamental y de la sociedad en general)	Apoyo a la creación de unidades de vinculación y transferencia (UVT) en las Universidades (Instrumento del PDT que comenzará a operar en 2003) Iniciativa de la Facultad de Química (Universidad de la República) para incluir formación empresarial en los cursos de pregrado. Incubadora de Empresas y Polo tecnológico de la Facultad de Química (Incubación de Unidades de I+D para las empresas) Centro de Gestión Tecnológica (CEGETEC). (No funcionó) Programa de Conserjerías Tecnológicas (No ha funcionado)
15. Debilidad en la demanda de conocimiento de los gobiernos locales y desconocimiento del sector Ciencia y Tecnología en las regiones del interior de los países.	No fueron detectadas estas iniciativas. No hay información.
16. Desequilibrios regionales: concentración geográfica del esfuerzo en Ciencia y Tecnología en la región capital, principalmente.	No fueron detectadas estas iniciativas. No hay información
17. Base insuficiente de recursos humanos calificados y de infraestructura para actividades de I+D	Becas de postgrado. Instrumentos del PDT Programa PEDECIBA
18. Ausencia o deficiencia de redes de apoyo tecnológico, sistemas de información y de financiamiento para el sector empresarial, particularmente para impulsar procesos de innovación en las PYMES.	PDT (parcialmente)
19. Insuficiencia del marco institucional para la promoción de la innovación, la calidad y la competitividad en el sector productivo	No existen incentivos específicos para la innovación Zonas francas de alta tecnología Incentivos para la exportación
20. Poca vinculación entre los sectores empresariales y académicos	Creación de UVT (instrumento PDT, 2003) CEGETEC (no funcionó) Componentes empresariales en formación universitaria Incubadoras
21. Debilidades de las PYMES para el desarrollo de la competitividad: poco empleo de talento humano de alto nivel, poca disposición a conformar redes de cooperación productiva, ausencia de capacidades para gestionar e implementar procesos de innovación.	Instrumentos PDT Financiamiento a proyectos asociativos
22. Poca colaboración entre países de América Latina y dependencia de los países desarrollados	No se encontró información de programas específicos con logros significativos, pero existen convenios de cooperación
23. Escasa transparencia y participación social en la formulación, ejecución de políticas. Poco consenso en visión común de objetivos y estrategias	Selección de áreas de oportunidad Programa de Prospectiva

Tabla 12.3.1 Problemas Típicos en C y T y respuestas uruguayas

Problemas en desarrollo de TIC	Repuesta en Uruguay
1. Ausencia, insuficiencia o inadecuación de las políticas e instrumentos públicos para el desarrollo de las TIC	Creación de la Comisión Presidencial para la Sociedad de la Información. Incentivos para la exportación de la industria del software. Parques Tecnológicos y zonas francas con incentivos especiales para la exportación, infraestructura para empresas en TIC y donde no rigen los monopolios estatales.
2. Ausencia o debilidad de las instituciones públicas encargadas de formular, gestionar y ejecutar las políticas, planes y programas en TIC.	Estrategia Nacional para el Desarrollo de la Sociedad de la Información (2000), principalmente para incentivar industria del software y para universalizar la educación telemática.
3. Falta de de reconocimiento de la importancia de las TIC para el desarrollo nacional, por parte del sector público y de la sociedad en general.	Comisión Presidencial y Estrategia Nacional para el Desarrollo de la Sociedad de la Información
4. Ausencia o debilidad del marco jurídico y de los incentivos apropiados para el desarrollo de las TIC.	Incentivos para la exportación de la industria del software Proyecto de ley de firma digital
5. Insuficiente inversión nacional en este sector.	Instrumentos del PDT
6. Monopolio en Telecomunicaciones	Monopolio en telefonía básica de la Empresa nacional (ANTEL), salvo en zonas francas.
7. Baja penetración de Internet y desequilibrios en el acceso a las TIC, tanto a nivel regional como por sectores económicos.	Estrategia Nacional para el Desarrollo de la Sociedad de la Información (SI) (2000)
8. Pobre acceso y utilización de las TI en la educación básica.	Estrategia Nacional para el Desarrollo de la SI (2000)
9. Pobre acceso y utilización de las TIC en el sector productivo, especialmente las PYMES.	Estrategia Nacional para el Desarrollo de la SI (2000)
10. Pobre acceso y utilización de las TIC en el sector de gobierno.	Estrategia Nacional para el Desarrollo de la SI (2000)
11. Bajo desarrollo de contenidos nacionales en educación, salud, y otros sectores.	No se encontró información significativa sobre programas específicos.
12. Insuficiencia de personal calificado	En creación el Centro Académico Industrial de TI (CAITI), con aportes del gobierno y del sector privado, destinado a apuntalar el desarrollo de centros de formación, especialmente empresarial.
13. Insuficiencia de fondos para la formación, dotación de infraestructura tecnológica y actividades de I+D en universidades, institutos tecnológicos, postgrados y otras instituciones de educación superior y de investigación.	No se encontró información sobre programas específicos.
14. Acceso al financiamiento de las empresas del sector	Instrumentos del PDT para financiamiento de proyectos.

Tabla 12.3.2 Obstáculos para el desarrollo de las TIC y respuestas uruguayas.

12.4 Venezuela

En el caso de Venezuela, los autores de este trabajo tuvieron participación directa en la creación del MCT y el desarrollo de su gestión durante el período 1999-2001. Esta circunstancia permitió elaborar un informe muy completo y detallado de las políticas e instrumentos desarrollados, las principales experiencias exitosas, las estrategias novedosas y los obstáculos enfrentados para su implementación, el cual se incluye en las partes 3 y 4 del libro titulado "Ciencia y Tecnología para el desarrollo" de los mismos autores del presente trabajo.

En esta sección se resumen aspectos relevantes de esta experiencia, incluyendo la información proveniente de las encuestas y entrevistas realizadas.

El Ministerio de Ciencia y Tecnología se creó en agosto de 1999, y, desde entonces es el ente rector del Sistema Nacional de Ciencia, Tecnología e Innovación. Anteriormente, estas competencias eran asumidas por el antiguo CONICIT, que pasó a transformarse en el actual FONACIT, Fondo Nacional de Ciencia, Tecnología e Innovación.

Uno de los roles principales del Ministerio de Ciencia y Tecnología es el de servir de ente articulador de los actores del SNCTI. Las políticas para conseguir esta articulación se basan en procesos participativos y convocatorias públicas, procurando la transparencia en la toma de decisiones, e incentivando y promoviendo la participación equitativa de los distintos integrantes y usuarios del Sistema con acciones integradoras y coordinadoras, para impulsar la producción, absorción y transferencia de conocimientos y tecnologías, en función de los objetivos y metas del desarrollo económico y social del país, y orientadas a satisfacer los requerimientos de la población, a mejorar su nivel de vida y a dinamizar y fortalecer el aparato productivo venezolano.

En forma coherente con estas orientaciones, el MCT, en el período 1999-2001, desarrolló e implementó una filosofía de gestión social del conocimiento, con mecanismos para formular e implementar políticas públicas particularmente innovadores, que ha rendido ya resultados visibles importantes.

Sin embargo, a mediados de 2002, la situación del país, con un escenario de inestabilidad política, una reciente devaluación, la implementación de un control de cambio, recortes presupuestarios en el gasto público y una expectativa de crecimiento económico negativo, dificultaron la sostenibilidad y continuidad de estas políticas. En este contexto, el gobierno debe afrontar la necesidad urgente de impulsar políticas que se orienten a la estabilización del entorno macroeconómico, el contexto político, la seguridad jurídica y la confianza y credibilidad en las instituciones, condiciones indispensables para consolidar procesos de innovación, el aumento de la competitividad y productividad y la mejora de la calidad de vida de la población.

Desde sus inicios, el MCT atendió los distintos problemas típicos enunciados en las listas incluidas en la sección 3 de este informe. Para ello, estableció estrategias innovadoras en tres direcciones críticas:

a) Incentivar la demanda de ciencia y tecnología por parte de los sectores productivos, públicos, y de la sociedad en general, sin abandonar el fortalecimiento de la oferta.

b) Fortalecer las capacidades de los sectores académico, productivo, públicos y de la sociedad en general, para la producción, absorción y utilización del conocimiento, la ciencia y la tecnología.

c) La estructuración de redes de cooperación productiva y social. Estas redes son el sustrato necesario para el desarrollo del SNCTI, las bases para el fortalecimiento del Capital Social y el paso a los cambios organizacionales, sociales y productivos, que caracterizan a la Sociedad del Conocimiento.

En la formulación y ejecución de políticas públicas, resaltan principalmente como esquemas novedosos: las Agendas de Innovación, los ejercicios prospectivos y el Programa de Fortalecimiento a la Gestión Regional. Estas son experiencias exitosas, replicables en otras esferas a nivel nacional e internacional (ver, para una explicación detallada de estos programas, el

Libro "Ciencia y Tecnología en Venezuela", parte 3, pp109 a 122).

La implementación de estos esquemas, que constituyeron una nueva manera de hacer políticas públicas, contribuyó a: fortalecer la demanda nacional de ciencia y tecnología; incentivar la vinculación entre la oferta nacional de I+D y la demanda del sector productivo y la sociedad; la consolidación de redes de cooperación a niveles locales, regionales y nacionales; el desarrollo de una visión común para la formulación de políticas y planes de desarrollo; la transparencia en la toma de decisiones y la participación democrática en la formulación y ejecución de políticas; el fomento de la participación de todos los actores del Sistema; y, en definitiva, a construir y consolidar las redes de cooperación, las relaciones entre los elementos del SNCTI y el fortalecimiento del capital social nacional.

Otra experiencia exitosa fue la formulación y logros obtenidos con el Plan Nacional de TIC, que, en corto tiempo, ha producido resultados de impacto significativo dentro del ámbito latinoamericano. El programa de Infocentros permitió que en seis meses de 2001, se lograra dar un paso importante hacia el Acceso Universal y hacia la democratización del conocimiento. Los programas de formación masiva, el cluster de software, los programas de FIDETEL (Fondo de Investigación y Desarrollo en Telecomunicaciones, creado a partir de la ley orgánica de Telecomunicaciones, en 2.000) y las incubadoras de empresas "puntocom", inician un plan de fortalecimiento de capacidades para la consolidación de una industria nacional competitiva en el área de las TIC y fortalezas en las actividades de I+D, vinculadas a la demanda de esta industria. Al mismo tiempo, se implementaron programas para incentivar la demanda y el uso de estas tecnologías, por parte del sector productivo de las PYMES principalmente, y por el Estado, para el desarrollo del Gobierno Electrónico.

Otra estrategia exitosa fue la de enfocar la mayor parte de los recursos del Estado (alrededor del 70%) hacia áreas prioritarias para el desarrollo económico y social del país, obteniendo logros concretos en cada uno de ellas. Pero, quizás, los principales logros obtenidos giran en torno a la constitución de redes de actores, de la consolidación de planes, programas y proyectos sectoriales, formulados y ejecutados a partir del consenso de los participantes en las agendas, en el contexto prioritario de la conexión de la oferta con la demanda. Estas redes constituyen las bases reales y concretas del SNCTI. El restante 30% de los recursos, fueron mantenidos en un esquema de demanda libre a fin de garantizar la libertad de escogencia y de creatividad del sector científico.

En la selección de los proyectos prioritarios, debe profundizarse el esfuerzo iniciado para aprovechar las fortalezas y ventajas comparativas del país. El fortalecimiento y la innovación en el sector petrolero, con la activación de las PYMES y de la ingeniería nacional alrededor de cadenas de producción, desarrolladas y diversificadas aguas arriba y aguas abajo de la extracción de la materia prima, es uno de los objetivos fundamentales de la política industrial que el MCT debe acompañar. En este sentido, en 2002, y apoyándose en los resultados de ejercicios prospectivos, los proyectos relacionados con el fortalecimiento de la industria química nacional y la reorientación de la Agenda Petróleo, Gas y Energías Alternativas, constituyen uno de los ejes fundamentales de acción.

Por otro lado, la gestión del MCT también reveló las insuficiencias de las estrategias tradicionalmente implementadas, especialmente para incentivar la demanda y para consolidar redes, particularmente en la participación del sector productivo. Inclusive los nuevos esfuerzos del MCT, aunque produjeron cambios significativos, son todavía limitados, y deben profundizarse y ampliarse.

En efecto, las acciones del MCT produjeron un incremento notorio de la demanda (más de un 300% en dos años), con una participación más equilibrada de todas las regiones del país y con la inclusión de nuevos actores, más allá de la comunidad científico-académica. Sin embargo, la participación del sector empresarial fue todavía débil. La implementación de la reciente Ley Orgánica de Ciencia y Tecnología (en Julio de 2002), debe contribuir, en el corto plazo, a incrementar los niveles de demanda e inversión en C y T, especialmente de las grandes empresas.

En las entrevistas con representantes del sector productivo, se insistió sobre la necesidad de implementar incentivos fiscales directos para apoyar las actividades de ciencia, tecnología e innovación. La ausencia de capitales de riesgo en el país, a pesar de recientes iniciativas gubernamentales que no funcionan todavía en la práctica, es otro de los requerimientos del sector productivo para emprender proyectos de innovación.

La oferta de Fondos Tecnológicos, como lo demuestra la experiencia en otros países de la región o en los países más desfavorecidos de Europa, a pesar de ser necesaria, no ha sido suficiente para lograr la participación, especialmente de las PYMES, en los procesos necesarios para elevar su productividad y competitividad. Atendiendo a la importancia de estas empresas en la generación de empleos y en el logro de una mejor distribución de la riqueza a nivel nacional, el MCT emprendió la tarea de elaborar programas e instrumentos específicamente destinados a crear y a incentivar la demanda de ciencia y tecnología en las PYMES y a fortalecer su capacidad de absorción y utilización de C y T. Así, además de garantizar fondos para el desarrollo de proyectos tecnológicos y de innovación, se iniciaron los programas de Clusters, de Modernizadores e Innovadores de Empresas, de formación de talento humano e inserción de personal especializado en las PYMES (beca industrial y PINI), y otros, descritos en la sección 3.6 del libro "Ciencia y Tecnología en Venezuela". El uso intensivo de las TIC es una característica de las PYMES más competitivas, por lo que el MCT también introdujo programas e instrumentos destinados a incentivar y hacer posible su uso en este sector (PYME-TI). Estas acciones son coherentes con las prioridades nacionales establecidas por las políticas industriales del país. Los incentivos y mecanismos de apoyo y financiamiento establecidos en este marco, deben influir, a corto y mediano plazo, a dinamizar el sector y a elevar sus niveles de demanda de ciencia y tecnología.

A pesar de que las acciones emprendidas por el MCT tuvieron logros concretos en el período 2000-2001, es necesario profundizar y perfeccionar los programas existentes, y ejecutar los que se encuentran en etapa de implementación, fundamentalmente destinados a incentivar la creación de redes de apoyo tecnológico, servicios, información, etc., para alcanzar resultados de mayor y real impacto. En particular, dadas las debilidades existentes en el SNCTI en cuanto a los servicios de metrología y calidad, apoyo y atención a la protección de la propiedad intelectual y servicios de información, el MCT debe establecer acciones prioritarias para obtener logros a corto plazo en estas áreas, hasta ahora desatendidas.

A nivel meso y microeconómico, se reconoce que las "redes de empresas" son el nuevo paradigma de organización empresarial, sustituyendo a los modelos tradicionales de Taylor y Ford. Estas organizaciones en red establecen nuevas formas de competencia y cooperación, otorgando mayores capacidades a las PYMES para responder a las necesidades del mercado de forma rápida y creativa. Además, las redes de empresas se instalan aprovechando, casi siempre, su proximidad y ubicación en una localidad, donde interactúan con el entorno, imbricándose en el tejido social, construyendo economía y sociedad y fortaleciendo la construcción de una institucionalidad. En suma, fortaleciendo el capital social de las regiones donde se ubican.

Atendiendo a la importancia de apoyar la participación de las PYMES en redes de empresas que traten de introducir sistemas de producción flexibles y especializados, el MCT inició el programa de CLUSTERS (redes de cooperación productiva), en 2001. Algunos logros fueron obtenidos: además de los primeros pasos para la conformación de un cluster de software a nivel nacional (sección 3.4.2), se consiguió la formación de 24 redes de cooperación productiva en varios sectores y distintas regiones del país (sección 3.4.6). Sin embargo, estos son sólo pasos iniciales en el desarrollo de clusters competitivos a partir de estas redes de cooperación. Los clusters iniciados incluyen actividades en los sectores agrícola, industrial y hasta de rescate étnico (productividad de los indígenas y artesanal).

Para lograr este desarrollo, el MCT debe continuar las acciones y establecer los programas e instrumentos que permitan, por ejemplo: recopilar información específica sobre cada cluster, elaborar un diagnóstico de debilidades, oportunidades, fortalezas y amenazas (DOFA), realizar un benchmarking regional en el sector específico del cluster, definir la oferta de programas especializados de educación y capacitación, iniciar esfuerzos de investigación de universidades y centros locales en tecnologías relacionadas con el cluster, impulsar el uso intensivo de las TIC para optimizar el funcionamiento del cluster, desarrollar redes de apoyo y de servicios específicos para el cluster, etc., todo dentro del marco de un plan teniendo como objetivo el logro de un cluster competitivo a nivel nacional e internacional

En definitiva, el MCT debe propiciar el desarrollo de agendas específicas para cada cluster, con base en las necesidades y oportunidades de la asociación de PYMES y del sector de producción que lo caracterizan.

Como se ve, las tareas son inmensas, y exceden la capacidad institucional del MCT, requiriendo la participación activa de otros actores. El objetivo, entonces, debe orientarse a desarrollar programas que incentiven la participación del sector privado (particularmente los gremios, las "cámaras") y de redes de aliados locales, en la formulación y ejecución de estas agendas. En suma, el MCT debe profundizar una metodología replicable para cada cluster en la planificación de una agenda, crear o fortalecer las capacidades de ejecución de la agenda a través de una red local, y actuar como promotor y disparador del proceso, apoyando y dando un marco adecuado para su ejecución. Las tareas fundamentales del MCT, son entonces, como en otros programas, las de coordinación y negociación, tanto para lograr la participación de los actores en la agenda, particularmente del sector productivo, como para la articulación de redes locales. Esta es la segunda etapa del programa de clusters, que se inició a partir de comienzos de 2002, con el desarrollo de los instrumentos de financiamiento necesarios para apoyar la consolidación de redes de aliados y de apoyo a nivel local.

Uno de los factores que inciden de manera importante en la debilidad manifiesta, tanto de las instituciones públicas como del sector empresarial, especialmente las PYMES, es el bajo nivel de formación de su personal y su insuficiente capacitación para emprender procesos de innovación. Por otro lado, el capital intelectual existente en el país es subutilizado, y los mejores recursos humanos tienen una tendencia creciente a emigrar del país.

La políticas en materia de formación de talento humano del MCT se enfocaron a fortalecer la oferta de becas de cuarto nivel, aumentando la inversión, pero privilegiando las áreas prioritarias de desarrollo, los postgrados nacionales y regionales, e introduciendo modalidades nuevas, de becas "tipo sandwich" o de estancia compartida, para la oferta de becas hacia el exterior del país. Este tipo de programas presenta ventajas significativas en la estructuración y fortalecimiento de redes locales y regionales, y en la creación de vínculos con laboratorios extranjeros, lo cual es un aporte a la calidad de la investigación, a su sostenibilidad en el tiempo y a la permanencia de los investigadores en el país. Los programas de formación se abrieron hacia el sector público y hacia el sector privado, y se crearon programas novedosos de inserción de recursos de alto nivel en las empresas. Como en otras áreas, la experiencia revela que la simple oferta de fondos de financiamiento no es suficiente, y que las actividades de negociación y de articulación de redes, por parte del MCT, son indispensables para incentivar la demanda del talento nacional, tanto por parte del sector productivo como por parte del sector público.

Además de estas acciones, se abrieron programas de formación de corta duración a nivel técnico, especialmente en el área de las TIC, con el objetivo de lograr una masa de talento especializado en esta área a corto plazo.

La baja capacitación de los actores de los sectores públicos y privados, nuevos beneficiarios de la acción del MCT, también se refleja en la debilidad que manifiestan hasta en el nivel de formular proyectos con estándares de calidad y requerimientos de viabilidad aceptables, según los criterios de evaluación establecidos por el MCT. Si la "mortalidad" de proyectos evaluados por el CONICIT, en términos de solicitudes de financiamiento rechazadas, oscilaba entre el 30% y el 40%, con la apertura del MCT a usuarios que ya no pertenecían exclusivamente al mundo científico y universitario, esta tasa se elevó, en algunos programas, a valores superiores al 70%. Esto obligó al MCT a introducir estrategias de apoyo. La acción del MCT se orientó, en ese sentido, a apoyar el proceso de formulación de proyectos, creando capacidades en estas áreas, fundamentalmente en el sector público, a través del Programa de Fortalecimiento a la Gestión Regional (Venezuela, sección 3.3.3), pero también en todos los usuarios en general. Para ello, introdujo una nueva modalidad en el proceso de recepción de solicitudes de proyectos, dividiéndolo en dos etapas: la presentación de un perfil preliminar del proyecto, para su valoración por parte de equipos de asesores del MCT, y la presentación definitiva del proyecto al FONACIT, finalmente elaborado según orientaciones directas en talleres coordinados por los mismos equipos. Esta etapa preliminar permitió, por otra parte, el examen previo de la demanda, la negociación de alianzas entre los solicitantes, la simplificación de la cartera y del proceso de evaluación, la reorientación de las solicitudes hacia otras fuentes de financiamiento, entre otros. Para implementar estas estrategias, fue necesario fortalecer las capacidades institucionales del MCT, nuevamente, con la consolidación de equipos con habilidades en formulación de proyectos, en negociación y articulación de redes. Los resultados de esta estrategia, implementada en 2001 en algunos programas (agro, prevención de desastres, vivienda y hábitat, TIC), fueron muy exitosos, por lo que el MCT extendió la metodología empleada hacia nuevos programas en el 2002, incorporando progresivamente la totalidad de los programas en curso en este modelo de funcionamiento.

La estrategia implementada pone de relieve la necesidad, dada la debilidad institucional y la baja capacidad de ejecución de los nuevos beneficiarios del financiamiento, de acompañar más activamente el proceso de seguimiento y ejecución de los proyectos, y de integrar redes, con la participación activa del capital intelectual disponible en las universidades y en el medio profesional de las localidades donde éstos se ejecutan, en su desarrollo, con el fin de garantizar el logro de los objetivos concretos en cada proyecto. Estas alianzas promueven la vinculación de los sectores académicos con la sociedad y la formación de otros actores, por la vía rápida del "aprender haciendo". En ese sentido, resaltamos de nuevo la importancia de los programas de Fortalecimiento de la Gestión Regional, los cuales propiciaron la formulación y activación de proyectos a partir de la definición de los mismos en los niveles locales (municipios), impulsando la planificación y la acción, con la participación de los sectores generadores de conocimiento (en especial las universidades) y atendiendo necesidades perentorias de la población, lo cual incrementa la participación ciudadana y la articulación de políticas locales y nacionales, a la vez que introduce innovaciones significativas en la gestión local, incrementando la demanda de conocimientos.

Uno de los aprendizajes más importantes, obtenido a partir de la experiencia del MCT en 1999-2001, es la necesidad de dar el paso hacia un cambio de paradigma en los modelos de gestión pública, fortaleciendo, por otro lado, la consolidación de una institución flexible, con capacidad de adaptarse dinámicamente a las demandas del entorno para la ejecución de sus políticas y de introducir los cambios necesarios en su organización para responder a esta demanda de manera eficaz y eficiente.

En la gestión pública de la ciencia y la tecnología, el MCT dio los primeros pasos en este cambio: el rol del Estado no es el de formular políticas, implantarlas de manera vertical, consolidar la oferta y otorgar fondos públicos, sino el de promover la participación de todos los actores para la construcción conjunta de las políticas y la planificación, coordinar su actuación en la ejecución, fortalecer la oferta, incentivar la demanda y promover la participación del sector privado en el financiamiento y desarrollo de las actividades de ciencia y tecnología. Es un rol mucho más activo, que exige fortalezas institucionales para la promoción, la negociación, la articulación de redes, el monitoreo del entorno y la evaluación y seguimiento de la gestión. Este cambio de paradigma, acompaña la instalación de un nuevo modelo de producción y apropiación social del conocimiento, basado en la vinculación de la oferta y la demanda, en formas de organización más horizontales, estructuradas en redes de cooperación, con la utilización intensiva del capital social, la valoración del talento humano, el uso de nuevas tecnologías y de la innovación en todas sus formas.

El cambio de paradigma en la gestión pública, implica la necesidad de transformar las instituciones. El MCT está todavía en la etapa de crear una institucionalidad adecuada para responder a las demandas que exige este nuevo escenario. Pasos importantes y novedosos han sido efectuados en: la creación del Observatorio, en la implantación de sistemas de seguimiento y evaluación, en el uso de las TIC para la automatización de procesos, en la creación de nuevos programas, instrumentos y formas de financiamiento, en la reorientación de las políticas internacionales, pero todavía resta mucho por hacer.

En particular, frente al crecimiento de la demanda, el MCT y FONACIT están llamados a realizar cambios profundos en sus formas organizacionales. El aumento de la demanda no debe implicar un crecimiento desmedido de las instituciones, con sus consecuencias en la ineficiencia y la burocratización, tal vez se trata de todo lo contrario. Además del uso intensivo de las TIC en la automatización de los procesos, una estrategia, actualmente en evaluación, es la de formar redes y alianzas que permitan la desconcentración de distintas etapas de los procesos, o utilizar el "outsourcing", en aspectos tales como la evaluación, el control y seguimiento de los proyectos, e, inclusive, la administración de los fondos de financiamiento. Esto, por supuesto, exige aumentar las capacidades institucionales y su liderazgo, para realizar una adecuada coordinación, control, evaluación y seguimiento de la gestión en red, y capacitar a los socios aliados, de forma de mantener los estándares de calidad y eficiencia exigidos.

Los cambios introducidos, a partir de la gestión del MCT, no se han hecho sin dificultades. La comunidad científica y académica se ha resistido a las políticas de apertura, oponiéndose a la idea de una ciencia "útil" y aferrándose a esquemas de generación del conocimiento validado en sí mismo, a pesar de haberse mantenido un 30% de los recursos financieros para la demanda libre, favoreciéndose especialmente la calidad. El sector productivo, en general, no comprende ni valora la utilidad de la ciencia y la tecnología para el desarrollo económico y la competitividad, calificando de impositivas las medidas que tienden a incentivar la inversión de este sector en I+D y en procesos de innovación que van en su propio beneficio y en el del país. Las instituciones del Estado se resisten a aceptar la acción transversal del MCT, no poseyendo una cultura de la innovación en gerencia social y del trabajo coordinado e interinstitucional, ni la capacidad institucional, ni recursos humanos suficientemente preparados para emprender (y en muchos casos para simplemente entender) procesos de modernización y de transformación. El antiguo CONICIT, una institución particular dentro del Estado, presentó y presenta todavía, en la figura del FONACIT, resistencias internas a los cambios necesarios en la redefinición de sus roles y de las transformaciones institucionales derivadas de ello, con una cultura instalada, en más de 30 años de gestión, en los modelos tradicionales de producción del conocimiento, centrados casi exclusivamente en la comunidad científico-académica.

El MCT logró posicionarse a nivel nacional, en apenas dos años de gestión y a pesar de estas dificultades, con el desarrollo de nuevas políticas y la implementación de mecanismos innovadores de concertación, participación, búsqueda del consenso y de una visión común que permita la ejecución de acciones concretas, en el marco de la definición de un nuevo pacto social, que haga posible el cambio hacia un paradigma diferente en la gestión, producción y utilización del conocimiento, más adaptado a las necesidades del entorno mundial contemporáneo, en el contexto de la globalización, la competitividad y de la sociedad del conocimiento.

Las enseñanzas de la experiencia del MCT, muestran que las prioridades actuales son las de fortalecer a la institución en las actividades de negociación, para hacer posible la articulación de redes, la coordinación de los actores y el financiamiento y ejecución de los proyectos, con la participación activa del sector privado. Asimismo, los procesos de evaluación y seguimiento son determinantes para ajustar las políticas y las acciones, así como para introducir los cambios institucionales necesarios que aceleren su ejecución exitosa.

Por otro lado, los programas e instrumentos implementados deben adaptarse a las necesidades primordiales de facilitar la articulación de redes, fortaleciendo las capacidades sociales de producir, absorber y utilizar el conocimiento, y a incentivar la demanda de ciencia y tecnología por parte de la sociedad. Además, los esfuerzos deben concentrarse en la resolución de problemas concretos y prioritarios para el país, fortaleciendo las capacidades institucionales para apoyar la formulación de estos proyectos, su ejecución por actores del SNCTI, y el apoyo en su desarrollo, su evaluación y seguimiento, con el fin de garantizar el logro de sus objetivos. Aun cuando ésta debe ser la visión fundamental, debe llevarse adelante la gestión, guardando espacios para iniciativas adicionales que permitan mantener la ciencia de calidad, aun cuando no tenga aplicación inmediata, y guardar también espacios para iniciativas particulares dirigidas a la comprensión de la realidad social y a impulsar el desarrollo del conocimiento. Esta orientación global es la que guió la definición de la organización y las políticas del MCT hasta inicios de 2002.

Se realizaron, en Venezuela, entrevistas con quince personas y se enviaron quince encuestas. Un resumen de los testimonios recogidos se incluye a continuación.

12.4.1 Principales problemas o nudos críticos:

- El contexto económico y político dificulta y hasta imposibilita el desarrollo de procesos de innovación.

- Hay una gran desconfianza entre los actores del sistema. La crisis política actual ha hecho muy difícil el diálogo y la concertación de actores. El funcionamiento institucional, durante el 2002, se ha prácticamente detenido.

- Los problemas fiscales que enfrenta el país, en 2002, han obligado a ajustes presupuestarios que dificultan la continuidad de los programas que se llevaron a cabo, particularmente en el MCT, durante el lapso 1999-2001.

- Dentro de las Universidades, no hay una estrategia clara ni prioridades en materia de I+D. Hay poco estímulo, en las Universidades, para las actividades de I+D y existen agudos problemas presupuestarios. Las Universidades han perdido gran parte de su personal más valioso, por envejecimiento, movilización hacia otros sectores con mejores oportunidades, y por falta de políticas y de posibilidades de renovar la planta existente y revertir la situación. Esto ha incidido en una degradación del nivel de la educación.

- La inestabilidad de las políticas nacionales, y los cambios constantes en los altos cargos ministeriales, contribuyen con un aumento de la desconfianza en las instituciones, que gozan de poca credibilidad frente a la sociedad en general.

- El problema de la corrupción y la falta de transparencia en el funcionamiento de las instituciones públicas, es visto, en general, como un problema grave. No es el caso, sin embargo, del sector Ciencia y Tecnología, en particular, de acuerdo con los testimonios recogidos.

- No han sido implementadas políticas adecuadas para orientar las compras tecnológicas del Estado, que contribuyan con incentivar la productividad nacional. Las grandes empresas públicas (entre ellas, PDVSA, la empresa de petróleo, en particular) tienen una demanda sofisticada, mantenida en el tiempo y recursos, pero compran afuera, no utilizando la oferta nacional.

- El acceso de la PYME al financiamiento es un obstáculo grave. En 2002, este sector se declaró en crisis, enfrentándose una situación que ha llevado al cierre de numerosas empresas. Luego de transcurridos cinco años, esta situación no ha realmente mejorado.

- El tema de las imposiciones a las grandes empresas, que fijan montos de inversión anuales en actividades de ciencia y tecnología a través de algunos artículos de la Ley Orgánica del sector (LOCTI), es muy criticado por el sector empresarial, que ha introducido solicitudes para reformar esta ley ante la Asamblea Nacional, con distintos argumentos.

- El problema de la continuidad de las políticas y programas fue considerado grave en muchos de los testimonios recogidos. Muchas iniciativas y programas emprendidos se paralizan, sin llegar a resultados reales, ya sea por cambios en los gobiernos y orientaciones políticas, o dentro de los gobiernos, por cambios en el seno de las instituciones, o por la discontinuidad de los recursos de financiamiento.

- Los mecanismos de evaluación y seguimiento de los programas y proyectos financiados por los organismos públicos y la universidad son incipientes y poco sistematizados.

- En una parte del sector científico nacional se percibe descontento respecto a los cambios introducidos por las nuevas políticas implementadas recientemente. En particular, el cambio del antiguo CONICIT, transformado en el FONACIT, ha sido recibido con desconfianza. Una parte de este sector considera que se le ha quitado espacio a la "ciencia libre". Sin embargo, en la asignación de recursos se mantuvo un 30% de asignación para la demanda libre, y su evaluación fue centrada en la excelencia. El mayor descontento se centra en que no se consideran adecuadamente representados en el directorio del FONACIT.

- El sector empresarial, particularmente en TIC, se inquieta frente a la situación actual. Inicialmente optimistas respecto a las iniciativas adelantadas en el período 1999-2001, manifiestan preocupación porque no se han continuado los programas a partir de marzo de 2002.

- Los usuarios del FONACIT manifiestan descontento por la lentitud de respuesta del organismo. Por otro lado, manifestaron su preocupación porque en el 2002-03 no se han efectuado convocatorias a proyectos.

- En la mayoría de los testimonios recogidos, se muestra preocupación por una aparente "pérdida de rumbo" y falta de liderazgo del MCT desde finales de 2002.

12.4.2 Experiencias exitosas

- El plan nacional de Tecnologías de Información y Comunicación, en particular, el programa de infocentros (con 243 infocentros creados en 2001) y el del Cluster de Software, fueron considerados como iniciativas muy exitosas, según los testimonios recibidos. Sin embargo, también se manifestó preocupación por la aparente paralización de estas iniciativas durante el 2002.

- El programa de Fortalecimiento a la Gestión Regional, fue considerado una iniciativa valiosa e innovadora. Sin embargo, se produjo una falta de respuesta a partir de mediados de 2002, al gran volumen de proyectos introducido en 2001 por parte de las alcaldías.

- La metodología de las agendas ha demostrado ser un método exitoso para la concertación de la oferta con la demanda.

- Igualmente fueron apreciados los métodos prospectivos, como un mecanismo adecuado para desarrollar procesos de concertación y de construcción de una visión común. En particular, se consideró una iniciativa exitosa, el ejercicio prospectivo realizado con el sector de la industria de químicos, asociado con los procesos de extracción del petróleo.

- En todos los testimonios recogidos, se apreció una opinión favorable con respecto a la creación del Ministerio de Ciencia y Tecnología. La creación de este Ministerio era una vieja aspiración del sector. Se expresó también "temor" por la posibilidad latente de aumentar la burocracia de manera innecesaria e inefectiva. También se consideró una experiencia exitosa la promulgación de la ley de ciencia, tecnología e innovación. Se consideró, en general, que la gestión del MCT fue exitosa en el período 1999-2002, aunque se expresó preocupación por los resultados obtenidos a partir de mediados de 2002.

- El programa de clusters, fue también muy bien considerado, como una iniciativa que debe ser mejorada y profundizada. Se crearon, en 2001, 24 redes de este tipo, en distintos sectores, incluyendo la atención a comunidades aisladas y muy desasistidas

- Se consideró un logro importante el hecho de haber logrado aumentar drásticamente la inversión nacional en Ciencia y Tecnología durante el período 1999-2001. Esto se acompaña de preocupación por la situación en 2002 y el futuro inmediato y a largo plazo.

- Se consideró que son experiencias innovadoras, con un impacto visible a nivel nacional e internacional, algunas experiencias, como la del proyecto de orimulsión, algunos logros en biotecnología agrícola, la expansión de Quimbiotec, con el abastecimiento del mercado nacional y exportación de productos sanguíneos, entre otras.

12.4.3 Resumen de las recomendaciones recogidas en entrevistas y encuestas:

1. Introducir esquemas para garantizar la sostenibilidad de los programas en ciencia, tecnología e innovación.

2. Fortalecer las instituciones y agilizar el funcionamiento y los tiempos de respuesta del FONACIT. En el MCT deben fortalecerse las capacidades de negociación y formulación y seguimiento de proyectos.

3. Fortalecer la selección de áreas estratégicas o prioritarias con la formulación de proyectos concretos, de interés nacional, que contribuyan con lograr resultados de impacto a corto plazo. Esto

implica profundizar las estrategias para la creación y densificación de circuitos de innovación específicos, alrededor de problemas concretos, identificando y conectando a los actores pertinentes.

5. Fortalecer la Agenda Petróleo. Continuar los ejercicios prospectivos con la formulación y realización de proyectos concretos, destinados a la incorporación de valor agregado, intensivo en conocimiento, al producto primario, con el fortalecimiento de industrias, particularmente PYME's, en las cadenas de producción alrededor de la industria petrolera.

6. Debe formularse una política adecuada de las compras tecnológicas del Estado. La demanda de las grandes empresas públicas puede aprovecharse para impulsar el desarrollo de la industria nacional.

8. El funcionamiento de fondos de capital de riesgo es fundamental para impulsar la innovación.

9. Proponer incentivos fiscales directos para la inversión en ciencia y tecnología y procesos de innovación.

10. Fortalecer los procesos de integración regional, con el impulso de los intercambios científicos y tecnológicos, en especial con los países de la Comunidad Andina y con los del MERCOSUR.

11. Debe hacerse un esfuerzo mayor en los estudios previos que conducen a la formulación de los programas que llevan apoyo mediante financiamientos con multilaterales, con el fin de identificar las fortalezas y capacidades existentes en el país, y crear oportunidades de utilizar la oferta existente alrededor de proyectos que creen o consoliden circuitos de innovación específicos. Con esto se lograrían programas más acordes con las necesidades del país.

12. Se propone a los organismos de integración regional el fortalecimiento de cadenas regionales, aprovechando y complementando las fortalezas de cada país. Esto incluiría, por ejemplo, la creación y fortalecimiento

de postgrados regionales, la creación de redes de cooperación (no sólo en el ámbito científico y de desarrollo tecnológico, sino también en el productivo), el fortalecimiento de sistemas de evaluación regionales, la creación de fondos regionales para C y T, de fondos de capital de riesgo para Latinoamérica, entre otros. Este tipo de programas apuntalarían el desarrollo de mercados y la integración regional.

13. Se propone la introducción de programas regionales en las áreas de Biotecnología y Tecnologías de Información.

12.4.4 Resumen de conclusiones

La tabla 12.4.1 resume las estrategias de acción del MCT, y los instrumentos utilizados para el logro de los objetivos.

Las tablas 12.4.2 y 12.4.3 muestran una síntesis de las políticas, estrategias, instrumentos y acciones utilizadas en la respuesta a los problemas típicos enunciados en la sección 3. Una explicación detallada de estos instrumentos se encuentra en el libro "Ciencia y Tecnología en Venezuela", parte 3.

Los problemas sombreados fueron considerados, de acuerdo con los testimonios recogidos, como obstáculos muy graves, o problemas prioritarios que no han recibido atención suficiente por parte del Estado, y cuya solución es determinante para garantizar el impacto de los planes de desarrollo en ciencia, tecnología e innovación.

Estrategias	Objetivos	Instrumentos y programas implementados	Deficiencias, instrumentos por desarrollar
INCENTIVAR LA DEMANDA DE CIENCIA Y TECNOLOGÍA	-Fomento de una cultura de innovación. - Propiciar la participación del sector productivo -Propiciar la participación del Estado. -Utilización del capital intelectual ocioso y de la oferta de I+D nacional	-Incentivos fiscales -Medidas impositivas -Agendas -Prospección -Formación de modernizadores e innovadores de PYMES -Inserción de personal capacitado en PYMES -Promoción y Divulgación -Incubadoras de empresas de base tecnológica.	-Incentivos fiscales especialmente destinados a impulsar actividades de C y T en el sector productivo. - Unidad de negociación, seguimiento y coordinación de las inversiones de grandes empresas, impuestas por la Ley Orgánica de Ciencia y Tecnología - Capitales de riesgo funcionando.
FORTALECER LAS CAPACIDADES SOCIALES PARA LA PRODUCCIÓN, ABSORCIÓN Y UTILIZACIÓN DEL CONOCIMIENTO	- Crear capacidades de innovación en el sector público y privado - Masa crítica de investigadores. - Lograr objetivos rápidos por la vía del aprender haciendo" -Fortalecer y modernizar las instituciones públicas y las empresas. - Utilizar la capacidad académica y universitaria para los programas de formación. - Impulsar la democratización del acceso al conocimiento	-Formación para el sector empresarial. -Escuela de Gerencia e Innovación social para funcionarios públicos -Fortalecimiento a la Gestión Regional. -Instrumentos de modernización e Innovación -Uso intensivo de TIC -Infocentros. -Formación de profesionales y técnicos superiores -Estímulo a las actividades de I+D -Fortalecimiento de centros de I+D y tecnológicos -Gobierno electrónico	- Sistemas de información - Sistemas de apoyo tecnológico. - Apoyo a la protección de la propiedad intelectual. - Programa de Fortalecimiento a la gestión empresarial. - Programa para la Movilización de profesores e investigadores hacia el sector productivo. - Carrera del Investigador.

Estrategias	Objetivos	Instrumentos y programas implementados	Deficiencias, instrumentos por desarrollar
CREACIÓN Y ARTICULACIÓN DE REDES	- Innovación en estructuras organizativas a nivel social y productivo - Fortalecimiento del Capital Social. - Cooperación para optimizar recursos y capacidades de respuesta al entorno - Insertarse en el escenario internacional. - Política activa en las relaciones internacionales, en función de las prioridades del país.	-Convenios y acuerdos sector académico, sector productivo, gobierno. -Acuerdos internacionales -Agendas -Prospección -Clusters. -Observatorio Nacional de C y T -Gobierno Electrónico. -Portales temáticos. -Infocentros. -Fortalecimiento de la gestión regional. -Integración de postgrados nacionales -Sistema Hemisférico de Intercambio de Postgrado. -Redes de venezolanos en el exterior. -Programas de cooperación Internacional.	- Redes de aliados locales - Red de instituciones de certificación, metrología y calidad. - Redes de información. - Oficinas o unidades de apoyo tecnológico y transferencia entre Universidades y sector productivo. - Redes de financiamiento para el SNCTI. - agendas de clusters competitivos.
VINCULAR LA OFERTA Y LA DEMANDA PARA LA EJECUCIÓN DE PROYECTOS ORIENTADOS A LA SOLUCIÓN DE PROBLEMAS PRIORITARIOS DEL PAÍS	- Optimizar inversión para garantizar retorno. - Resultados de impacto social y económico. -Valoración y validación social de la CTI. - Vinculación sector investigativo y productivo. - Formación vía aprender haciendo	-Áreas Prioritarias. -Prospección -Agendas. -Convocatoria a proyectos específicos. -Fondos públicos y privados. -Fondos de garantía. -Fondos de capital de riesgo en creación.	Fortalecer capacidades institucionales en: - Unidad de proyectos -Unidad de negociación - Coordinación - Evaluación y seguimiento. - Mejorar eficiencia en atención y respuesta a los usuarios

Tabla 12.4.1 Estrategias MCT

Problema Típico de CyT en América Latina	Repuesta en Venezuela (1999 - 2001)
1. Falta de reconocimiento, en las esferas gubernamentales y sociales, de la relevancia del tema para el desarrollo del país.	-Artículo 110 de la constitución de 1999 -Programas de divulgación -Proyectos de impacto de corto plazo -Plan de Prospectiva -Foros de participación pública para discusión de leyes y planes.
2. Debilidad, ausencia, incoherencia o inadecuación de las políticas, estrategias e instrumentos públicos vigentes.	-Plan Nacional de Ciencia y Tecnología -Plan Nacional de TIC -Plan Nacional de Prospectiva -Foros de participación pública para discusión de leyes y planes.
3. Ausencia de un marco jurídico y de incentivos apropiados.	-Artículo 110 de la constitución de 1999 -Creación del Ministerio de Ciencia y Tecnología. -Ley Orgánica de Ciencia, Tecnología e Innovación, -Leyes estatales de C y T. -Ley de Firmas digitales -Otras leyes del sistema
4. Insuficiencia de recursos asignados al esfuerzo nacional en este campo	-Aumento significativo de la inversión en CyT como proporción del PIB (estimación promedio de 0.35% del PIB en los últimos años y aumento a más del 0.60%) -Incremento del financiamiento multilateral (BID y Banco Mundial) -Creación del Fondo Nacional de Ciencia, Tecnología e Innovación (Fonacit) -Creación del Fondo de Investigación y Desarrollo en Telecomunicacines (Fidetel) -Inclusión en la Constitución Nacional de Fondos Parafiscales en Agricultura (por crearse) -Inclusión de CyT como área prioritaria a ser financiada por descentralización
5. Dispersión y poco impacto de los recursos de inversión.	-Convocatoria a proyectos específicos. -Definición de áreas prioritarias. -Ejercicios prospectivos.

Problema Típico de CyT en América Latina	Repuesta en Venezuela (1999 - 2001)
6. Debilidad institucional en el sector público	-Promoción y divulgación de información -Políticas participativas -Agendas para elaboración de programas -Evaluación por pares. -Programas de impacto de corto plazo -Definición e implementación de portales e impulso del Internet para la recepción, evaluación, aprobación, financiamiento y seguimiento de proyectos en FONACIT -Programas de Gobierno Electrónico. -Programas de Formación en Gerencia Social y de la Innovación.
7. Esfuerzos individuales, aislados y poco eficaces, tanto a nivel de las instituciones públicas como por parte de los componentes científicos y empresariales.	-Articulación en agendas por convocatoria pública y amplia participación de los sectores académico, empresarial y gobierno. -Fortalecimiento de la demanda a nivel nacional (de los sectores gubernamental, académico, empresarial) -Programas de estímulo a la participación conjunta de instituciones en red para postgrados, gestión, investigación, innovación industrial -Definición de la articulación de redes institucionales como una de las prioridades de acción gubernamental
8. Discontinuidad en la definición y aplicación de políticas	-Establecimiento de programas de prospección científica y tecnológica. -Realización de análisis de fortalezas, oportunidades, debilidades, amenazas (FODA) con los principales actores nacionales
9. Inexistencia de indicadores de desempeño y de impacto de las políticas y programas implementados	-Creación del Observatorio Nacional de CyT -Creación de indicadores de impacto y metodología de seguimiento de programas de fortalecimiento a la gestión regional.
10. Debilidad en la evaluación y seguimiento de la gestión	-Creación dirección general de evaluación (revisa desempeño de instituciones y ajusta políticas).
11. Desvinculación de las actividades de I+D con la necesidades del país.	-Definición de áreas prioritarias -Fortalecimiento de la demanda y de la asociatividad
12. Falta de visibilidad y credibilidad del sector científico	-Políticas de divulgación. -Programas juveniles de ciencia -Divulgación por televisión y otros medios -Motivación a la participación mediante políticas para sectores prioritarios de necesidad nacional
13. Debate ideologizado y estéril entre "ciencia básica" y "ciencia aplicada"	-Prioridad a la "ciencia útil" -Reconocimiento a la interdependencia de saberes y formación del talento humano (30% de los recursos destinados a programas y proyectos en el área de ciencias básicas)

Problema Típico de CyT en América Latina	Repuesta en Venezuela (1999 - 2001)
14. Desequilibrios entre la oferta y la demanda de CyT (la oferta no se corresponde con la demanda, y hay debilidad en la demanda, tanto del sector productivo como del gubernamental y de la sociedad en general)	-Activación de la demanda y atención a las Pymes: -"Agendas", -Fondos de desarrollo tecnológico, -Programas de formación de innovadores y modernizadores empresariales, -Programas de Inserción de Innovadores nóveles Industriales", -Programas de Becas Industriales
15. Debilidad en la demanda de conocimiento de los gobiernos locales y desconocimiento del sector Ciencia y Tecnología en las regiones del interior de los países.	-Definición e implementación de talleres de fortalecimiento de la gestión regional
16. Desequilibrios regionales: concentración geográfica del esfuerzo en Ciencia y Tecnología en la región capital, principalmente.	-Asignación de recursos para CyT a través de fondos regionales y locales como el FIDES (Fondo para la descentralización) y el LAEE (Ley de asignaciones económicas especiales). -Fomento de los fondos estatales de CyT, y de leyes estatales de CyT.
17. Base insuficiente de recursos humanos calificados y de infraestructura para actividades de I+D	-Política de becas y fortalecimiento de postgrados: -Incremento de programas de becas nacionales e internacionales, -Establecimiento de postgrados en Red de instituciones, -Fortalecimiento de convenios internacionales para formación, -programas de beca "sandwich", -sistema hemisférico de intercambio de postgrado, -Fortalecimiento del programa de Promoción del Investigador. -Programas de formación para técnicos. -Creación y establecimiento del programa para la innovación en tecnología popular.
18. Ausencia o deficiencia de redes de apoyo tecnológico, sistemas de información y de financiamiento para el sector empresarial, particularmente para impulsar procesos de innovación en las PYMES.	- Creación del Sistema de Calidad y Metrología. - Observatorio Nacional de Ciencia y Tecnología -Redes de aliados regionales - Programa de modernizadores de empresas - Portal de Minnovación.
19. Insuficiencia del marco institucional para la promoción de la innovación, la calidad y la competitividad en el sector productivo	-Ley de fondos y sociedades de capital de riesgo. -Programas de Incubadoras de empresas de base tecnológica. -Régimen legal de propiedad industrial. -Acuerdos de integración y de cooperación internacional. -Establecimiento de programas de incentivos, de modernización y de fortalecimiento del recurso humano para pymes. -Banco de Desarrollo Social y Económico (Bandes) -Programa de clusters a nivel nacional. -Sistema de garantías para Pyme (Sogampi). -Fondo de Crédito Industrial (Foncrei) -Apoyo del Banco Exterior (BancoEx)

Problema Típico de CyT en América Latina	Repuesta en Venezuela (1999 - 2001)
20. Poca vinculación entre los sectores empresariales y académicos	-Agendas de convocatoria pública para definición de áreas de financiamento en CyT. -Foros participativos para la definición de políticas. -Programa de fortalecimiento de Clusters (cadenas cooperativas productivas) -Constitución del Sistema Nacional de Ciencia, Tecnología e Innovación.
21. Debilidades de las PYMES para el desarrollo de la competitividad: poco empleo de talento humano de alto nivel, poca disposición a conformar redes de cooperación productiva, ausencia de capacidades para gestionar e implementar procesos de innovación.	-Programa de Becas Industriales -Programa de inserción de personal especializado innovador en PYME (PIN industrial) -Programa de Modernizadores de Empresas -Programa de Clusters -Incubadoras.
22. Poca colaboración entre países de América Latina y dependencia de los países desarrollados	-Creación o intensificación de la cooperación binacional y multinacional con numerosos países de la región. -Rescate del Consejo Andino de C y T. -Financiamiento multilateral (BID y Banco Mundial)
23. Escasa transparencia y participación social en la formulación, ejecución de políticas. Poco consenso en visión común de objetivos y estrategias	-Plan Nacional de Prospectiva y ejercicios sectoriales. -Metodología de Agendas -Fortalecimiento de la Gestión Regional -Foros y discusión pública y abierta del Plan Nacional y de la Ley.

Tabla 12.4.2. Problemas en C y T

Problemas en desarrollo de TIC	Repuesta en Venezuela
1. Ausencia, insuficiencia o inadecuación de las políticas e instrumentos públicos para el desarrollo de las TIC	-Inclusión en la Ley Orgánica de Ciencia, Tecnología e Innovación -Ley de Firmas y Mensajes de Datos Electrónicos -Decreto 825 sobre importancia del Internet -Plan Nacional de TIC (incluye políticas en conectividad, capacitación, contenidos, gobierno electrónico y economía digital)
2. Ausencia o debilidad de las instituciones públicas encargadas de formular, gestionar y ejecutar las políticas, planes y programas en TIC.	-Creación del Centro Nacional de Tecnologías de Información, adscrito al MCT -Creación del FIDETEL.
3. Falta de de reconocimiento de la importancia de las TIC para el desarrollo nacional, por parte del sector público y de la sociedad en general.	-Plan Nacional de TIC -Programas de divulgación. -Infocentros. -Programas de fomento al uso de TIC
4. Ausencia o debilidad del marco jurídico y de los incentivos apropiados para el desarrollo de las TIC.	-Inclusión en la Ley Orgánica de Ciencia, Tecnología e Innovación -Ley de Firmas y Mensajes de Datos Electrónicos -Decreto 825 sobre importancia del Internet
5. Insuficiente inversión nacional en este sector.	-Creación de FIDETEL (Fondo para I+D con aportes privados. -Fondos de FONACIT para agenda TIC
6. Monopolio en Telecomunicaciones	-Creación y aplicación Ley de Telecomunicaciones
7. Baja penetración de Internet y desequilibrios en el acceso a las TIC, tanto a nivel regional como por sectores económicos.	-Programa Infocentros gratuitos (8 millones visitas/año) -Centros de Informática (Min. Educación) -Difusión de uso del internet -Generación e referencias y confianza para el sector privado, lo cual estimula sus iniciativas
8. Pobre acceso y utilización de las TI en la educación básica.	-Agenda TIC en educación -Financiamientos para desarrollo de contenidos educativos -Redes Internacionales latinoamericanas de contenidos educacionales -Programas de formación de maestros
9. Pobre acceso y utilización de las TIC en el sector productivo, especialmente las PYMES.	-Programa de modernización de PYMES con TI (FONACIT) -Incubadoras de empresas puntocom -Cluster de software
10. Pobre acceso y utilización de las TIC en el sector de gobierno.	-Gobierno electrónico -Servidores temáticos -Alcaldías virtuales.
11. Bajo desarrollo de contenidos nacionales en educación, salud, y otros sectores.	-Servidor temático de salud -Agendas del FONACI

Problemas en desarrollo de TIC	Repuesta en Venezuela
12. Insuficiencia de personal calificado	-Programas de formación en Institutos Tecnológicos (IUT) -Programas de becas de pregrado y postgrado -Programas de formación con universidades -Programas de formación con el sector privado 16.000 programadores con IBM formación en redes de Cisco
13. Insuficiencia de fondos para la formación, dotación de infraestructura tecnológica y actividades de I+D en universidades, institutos tecnológicos, postgrados y otras instituciones de educación superior y de investigación.	-Creación de FIDETEL (0.5% de la inversión bruta en telecomunicaciones) -Establecimiento de TIC como área prioritaria en I&D -Agenda DICC (desarrollo en contenidos y capacitación)
14. Acceso al financiamiento de las empresas del sector	-Iniciativas de capital de riesgo -Programas de FIDETEL y agendas FONACIT -Política de compras del estado -Cluster de empresas de software

Tabla 12.4.3. Problemas en TIC

13. Consideraciones finales y recomendaciones.

Con base en el estudio realizado, y tomando en cuenta los resultados de las entrevistas realizadas y las encuestas recibidas, resumimos a continuación una serie de consideraciones que pueden servir de base para ajustar las políticas públicas de desarrollo en ciencia y tecnología en países de la región que cuentan con ciertas capacidades en esas áreas, como lo son Chile, Colombia, Uruguay y Venezuela. Debe resaltarse que las consideraciones mencionadas tienen características generales, y no pretenden ignorar las complejidades y diferencias de cada país, más bien buscan estructurar visiones que permitan relacionar análisis y propuestas particulares, en un contexto de integración y comprensión comunes.

1. La aplicación de fondos multilaterales en el pasado, se destinó principalmente a fortalecer la oferta y capacidades de C y T, especialmente en Universidades y centros de investigación, infraestructura física, capital humano, reforzamiento institucional de organismos de financiamiento, etc. Más recientemente se introdujo un cambio importante en estas políticas, enfocándose, también, en acciones y programas con énfasis en el desarrollo de la tecnología y la innovación tecnológica en el sector productivo, atendiendo a las prioridades regionales de desarrollo.

    Las nuevas estrategias responden a un enfoque sistémico, que busca fortalecer los Sistemas Nacionales de Innovación (SIN), con los objetivos principales de:

    *   Incorporar nuevas tecnologías y procesos en la producción y procesos conexos de las empresas
    *   Fortalecer las instituciones de financiamiento, información, apoyo técnico, servicios y normas para el sector productivo
    *   Acrecentar montos, eficacia y productividad de la inversión en Ciencia y Tecnología.
    *   Formar y aprovechar los recursos humanos
    *   Fortalecer las vinculaciones entre los componentes y actores del SNI.
    *   Fortalecer la cooperación internacional en Ciencia y Tecnología.

- Complementar los programas del Banco en esta área con inversiones en educación básica, secundaria, superior y capacitación laboral, entre otros.

Sin embargo, la situación de los SNCTI en los países analizados, indica que la consolidación de estos sistemas es todavía un objetivo de mediano o largo plazo, obstaculizado por las más o menos difíciles e inestables condiciones económicas, sociales e institucionales que los caracterizan. Las debilidades institucionales, la frágil continuidad de las políticas y planes, y el escaso nivel de inversión, son factores que alejan aún más la consolidación de tales sistemas.

La educación primaria, secundaria y técnica a niveles básicos, es fundamental en la preparación de la población para lograr un desarrollo social más equilibrado y sostenible, que fortalezca tanto la fuerza de trabajo como las capacidades de absorción de conocimiento y la consolidación del capital social. Esta mención debe incluir los niveles de educación universitaria y profesional. Las políticas nacionales deben ser articulados con los de ciencia, tecnología y competitividad, en esta perspectiva de desarrollo.

2. La inversión nacional en Ciencia y Tecnología en estos países, si bien no ha alcanzado niveles deseables, ha sido importante para consolidar una buena capacidad y oferta científico-tecnológica. Sin embargo, el impacto de la inversión realizada, en términos generales, no ha sido claramente apreciable en la competitividad de los países y en su desarrollo económico y social. La revisión de los índices de competitividad de los últimos cuatro años así parece demostrarlo (IMD World Competitiveness Year Book, 2002). De más en más, los gobiernos han formulado políticas tendientes a valorar la ciencia y la tecnología como herramientas para el desarrollo de los pueblos, pero estas políticas necesitan también producir resultados de impacto a corto plazo, para poder validar y sostener los objetivos de más largo plazo, y justificar el gasto público en estos sectores. La grave situación de desigualdad social y de pobreza de estos países no puede esperar la respuesta de un posible, pero todavía lejano, sistema nacional que

brinde un marco estable a procesos de innovación generalizados. Como los recursos son escasos, es necesario invertirlos preferiblemente en proyectos concretos, que no sólo contemplen metas a lejano plazo, sino también a corto y mediano plazo, que generen riqueza y sirvan de puntales para el avance de toda la sociedad. Los recursos se dispersan y tiene pocos resultados visibles porque responden a los objetivos generales de fortalecer sistemas nacionales que, por ahora, sólo existen como un enunciado, en algunos casos, hasta con estatus legal, como en los casos de Colombia y Venezuela, pero sin un sustrato concreto. Las inversiones hasta ahora realizadas para fortalecer las capacidades, deben complementarse con esfuerzos por lograr impacto y visibilidad.

3. En algunos países, se ha reconocido esta situación, y se han tratado de focalizar los recursos hacia áreas "prioritarias" o "de oportunidad". En países como Chile, donde las políticas tienden más al libre mercado, esta focalización, se ha hecho sobre temas o tecnologías transversales, tratando de minimizar la intervención del Estado. Nuestro estudio nos lleva a la conclusión de que se hace necesaria, por el contrario, una intervención más fuerte del Estado, no sólo hacia la definición de áreas prioritarias o estratégicas, sino en la activa búsqueda y aprovechamiento de oportunidades concretas de desarrollo.

4. Para ello, debe tomarse en cuenta, en primer lugar, que estos países basan su economía principalmente en la producción y exportación de productos primarios, en general, a partir de grandes empresas nacionales o en alianzas con grandes transnacionales. Alrededor de la producción de primarios, la lógica de obtener resultados de impacto rápido, obliga a considerar estrategias específicas como: la utilización de la capacidad nacional, especialmente de las PYME's, para satisfacer la demanda de servicios de estas empresas; la mejora de la competitividad de estas empresas a partir del desarrollo de alta tecnología nacional en procesos de producción, control, gestión, certificación y calidad; la diversificación de la economía a partir del desarrollo de industrias "aguas abajo" que aporten valor agregado intensivo en conocimientos a los productos primarios y a partir del desarrollo de empresas "aguas arriba" que aporten competitividad en los procesos de cultivo,

extracción o producción de primarios. Alrededor de las grandes empresas, que son las que, en su mayor parte, generan la riqueza del país, pueden desarrollarse redes y clusters competitivos de PYME's que generen empleo y una mejor calidad de vida para la población. Las estrategias en Ciencia y Tecnología, además de continuar fortaleciendo las capacidades y, en general, los Sistemas Nacionales de CTI, deben incluir esfuerzos para detectar y profundizar las fortalezas existentes en el país a fin de atender la demanda de estas grandes empresas, desarrollar las capacidades necesarias y apoyar la consolidación de empresas High-Tech alrededor de la producción de primarios, que son la base actual de la economía. Estas estrategias deben acompañarse de políticas públicas adecuadas y agresivas, en cuanto a compras del estado, incentivos, redes de apoyo, financiamiento, e intervención directa sobre las cadenas existentes, entre otras.

5. Por otro lado, en todos los países existen iniciativas innovadoras que han surgido de manera espontánea, sin apoyo particular del Estado, y con alto nivel competitivo, inclusive posicionados en mercados internacionales. Las políticas públicas en ciencia y tecnología deben también concentrarse en detectar estas iniciativas, a veces muy frágiles, y desarrollar los instrumentos apropiados para fortalecerlas e impulsar su crecimiento.

6. En la mayor parte de los casos, estas experiencias innovadoras surgen casi por causas circunstanciales imposibles de replicar o sistematizar en el contexto concreto de cada país. Por ello, también es necesario que las políticas públicas y los fondos existentes guarden el espacio necesario para que este surgimiento sea posible. Es decir, la focalización hacia proyectos y oportunidades concretas no debe ser la única directriz. Un espacio, que es muy valioso, para la libre demanda, debe ser reservado necesariamente en los fondos públicos destinados al desarrollo de la ciencia y la tecnología. Con ello, el peligro de direccionar demasiado la intervención del estado en apuestas de desarrollo que pueden ser riesgosas, queda en alguna medida contrarrestado. El control y monitoreo del surgimiento de estas iniciativas, inesperadamente exitosas, es fundamental para el desarrollo de los mecanismos de apoyo

necesarios que garanticen su crecimiento y consolidación. Asimismo, es necesario destinar fondos al reforzamiento de la oferta, de las capacidades de investigación y generación de conocimientos en todas las áreas, la formación de investigadores y la infraestructura de I+D.

7. El establecimiento, más que de áreas estratégicas, de proyectos específicos de desarrollo en sectores competitivos, no puede ser simplemente declarado o impuesto a partir de políticas enunciadas en los organismos públicos competentes. Esta forma de intervención vertical y tradicional del Estado no es exitosa para integrar a todos los elementos y actores necesarios de los sectores públicos, académicos y productivos, que deben participar en su ejecución. Instrumentos novedosos que permitan la participación y el consenso de todos los sectores deben ser implementados para formular y ejecutar con éxito las políticas y planes del país, y darles continuidad y sustentabilidad, más allá de los cambios de gobierno. Las herramientas prospectivas han probado ser exitosas para la detección de los horizontes de oportunidad, siempre y cuando se realicen a partir de procesos amplios, incluyentes e integradores, que permitan la formulación de una visión común, y el consenso de actores con intereses muchas veces divergentes. La experiencia de Venezuela, particularmente en el sector de la industria química asociada con procesos de extracción y producción de petróleo, es un ejemplo exitoso de esta práctica, que fue llevada, más allá del simple ejercicio prospectivo, al establecimiento de mesas de negociación y la formulación de proyectos concretos. Otro instrumento exitoso, para lograr la concertación de actores y canalizar la inversión en proyectos de impacto, que permiten vincular estrechamente la oferta con la demanda e incentivar la participación del sector productivo, es el de las "Agendas" venezolanas, o las "Mesas" uruguayas. La implementación de estos instrumentos requiere tiempo e inversión de recursos, pero los mismos han probado ser efectivos para el logro de los objetivos deseados.

8. La intervención de organismos multilaterales ha sido y puede ser importante para fortalecer y orientar las políticas nacionales en ciencia y tecnología y para dirigir mecanismos de integración regional.

El estudio realizado y las impresiones particulares recogidas en entrevistas y encuestas, indican que los proyectos que se implementen, deben ser más profunda y cuidadosamente preparados, en función de las características, fortalezas y necesidades de cada país en particular, y de lograr mayores impactos, que incluyan componentes visibles a corto plazo, en el aprovechamiento de las oportunidades de desarrollo concretas en el contexto actual. Actualmente, los convenios y préstamos ejecutados o en ejecución, al igual que las políticas implementadas por el gobierno, son percibidos por una gran parte de los actores interesados, como paquetes externos, impuestos desde afuera, copiados de otras realidades y poco adaptados a las necesidades locales. Estudios de preinversión, utilizando métodos prospectivos abiertos y participativos, son altamente recomendables para formular convenios más acordes con las necesidades de desarrollo y que cuenten con la aceptación general de los usuarios. Dada la difícil situación de estos países, donde el gasto se orienta con criterios de urgencia inmediata, es improbable que estos estudios se realicen con financiamiento público, por lo que, para hacerlos factibles, los organismos de cooperación y los multilaterales podrían destinar para ello fondos no reembolsables, o incluirlos como una etapa necesaria en los préstamos acordados, para orientar al menos una parte de los fondos de inversión contemplados en los convenios, a la ejecución de los proyectos prioritarios concretos definidos a partir de una visión de consenso de los actores involucrados

9. La sustentabilidad y continuidad de los programas iniciados organismos multilaterales, son precarias en el contexto de los países de la región, donde las condiciones políticas, económicas y sociales orientan el gasto público hacia otras prioridades inmediatas. La capacidad de endeudamiento de estos países es muy limitada, lo que dificulta el establecimiento de nuevos acuerdos que den continuidad a los anteriores. Por un lado, parece necesario incrementar los lapsos de ejecución de los contratos establecidos, lo que también es una manera de garantizar la continuidad de las políticas, más allá de los cambios gubernamentales, y, también, parece necesario flexibilizar las condiciones de los préstamos, que, en tres de los países en estudio, establecen condiciones de aportes igualitarios del Estado y de los fondos

multilaterales en la ejecución de los préstamos, situación que retarda los proyectos, por dificultades presupuestarias para el cumplimiento de los aportes locales previstos. Estas condiciones no parecen adaptadas a la realidad de los países en cuestión, cuyas capacidades para cumplir con la ejecución de los proyectos, por lo menos en los casos de Colombia y, recientemente, Venezuela, se revelan insuficientes. Por otro lado, también se hace evidente que los instrumentos de política y financiamiento implementados no son suficientes o adecuados para fortalecer la demanda del sector productivo y su participación en la inversión en procesos de innovación. Este factor es quizás uno de los más importantes, en un proceso de evaluación y ajuste de las políticas de cooperación, y de las políticas públicas orientadas al sector.

10. En efecto, los instrumentos vigentes para incentivar o apoyar la participación del sector productivo en procesos de innovación, no han tenido en general un impacto claramente apreciable en el crecimiento competitivo de las empresas nacionales, en particular, de la PYME. La estrategia no puede limitarse a ofrecer fondos de financiamiento para proyectos tecnológicos, en un entorno donde todos los componentes del sistema de innovación, son débiles y muy poco coordinados entre sí, y donde el sector empresarial presenta deficiencias en cuanto a sus capacidades para la formulación y ejecución de estos proyectos. Además de concentrar los recursos para la inversión en sectores o cadenas previamente elegidos por ser competitivos, o por tener fortalezas o potencialidades claramente definidas, los instrumentos ofrecidos deben adaptarse a las necesidades específicas de cada proyecto financiado y de las distintas empresas que participan. Deben diferenciarse los instrumentos adecuados para los distintos grados de desarrollo del proyecto y acompañarlo en todas sus etapas. Los modos de intervención pueden ser sobre una cadena de producción, sobre un cluster de empresas, o sobre empresas individuales, pero es muy conveniente incluir instrumentos que permitan hacer un diagnóstico previo de la competitividad, en cada caso, para formular un proyecto específico, con los componentes adecuados para reforzar las capacidades empresariales para su ejecución: instrumentos para la formación del personal, para la inserción o vinculación con personal de alto nivel, para adaptar la

organización a las demandas de la transformación competitiva, de apoyo tecnológico, de creación de redes, de apoyo para procesos de calidad, para la búsqueda de nuevos mercados, para la exportación, etc.

Son interesantes en este sentido, las iniciativas colombianas de encuentros de competitividad organizados por cadenas de producción. Estos encuentros deberían ser guiados hasta la formulación de proyectos concretos en cada cadena y la propuesta de instrumentos adecuados, por parte del Estado, para apoyar su ejecución.

Como forma de intervención directa, es interesante también la experiencia venezolana con el programa de "modernizadores de empresas", del FONACIT. Se trata de un instrumento que permite financiar o cofinanciar los servicios de un profesional especializado, que se inserta en el seno de una PYME para formular un diagnóstico de su competitividad y un proyecto de innovación o de modernización tecnológica específico, el cual luego será cofinanciado y acompañado con otros instrumentos del FONACIT. También se desarrolló un portal donde se vincula la oferta con la demanda: los empresarios exponen sus problemas, los profesionales u otras empresas o instituciones presentan una oferta, y pueden plantear un proyecto conjunto para su financiamiento por el FONACIT.

Otro instrumento interesante, en el caso de Venezuela, como forma de intervención directa para la construcción de la demanda regional, en este caso de las alcaldías, que en muchos casos no tiene capacidades suficientes para formular y ejecutar proyectos de ciencia y tecnología, es el Programa de Fortalecimiento a la Gestión Regional, donde se imparten talleres de formación para los funcionarios públicos y se les guía, por la vía del "aprender haciendo", en la detección de necesidades, la formulación de proyectos específicos, la constitución de alianzas con profesionales, o con el sector académico para la ejecución de los mismos y se les orienta para la obtención de los fondos necesarios.

En Uruguay, Colombia y Chile se proponen instrumentos diferentes para el financiamiento de proyectos asociativos entre empresas. Pero para hacerlos más efectivos, es necesario una intervención más activa del Estado en propiciar encuentros, complementar capacidades y proponer alternativas para financiar los costos de transacción en el establecimiento de estas asociaciones.

Una gran laguna, en los programas de fomento y desarrollo de la competitividad, en los países estudiados, es la inexistencia de instrumentos adecuados para el apoyo a procesos de internacionalización de las empresas con potencial exportador.

Otra gran debilidad fue detectada en los instrumentos para fomentar la vinculación entre el sector académico y el sector productivo. Los programas existentes tienden a apoyar la formación de unidades de vinculación en el seno de las universidades, lo cual todavía no ha dado resultados de impacto. Parecería más adecuado orientar estos instrumentos hacia incentivar la formación de este tipo de unidades en el seno de las empresas, desde la demanda, más que desde la oferta.

En resumen, además de concentrar los recursos, al menos en parte, en proyectos específicos, es necesario revisar y evaluar el abanico de instrumentos ofrecidos actualmente, para modificarlos y adaptarlos a formas de intervención más directas, que hagan posible la ejecución de los mismos y contribuyan con la consolidación de una demanda real.

Este trabajo brindó información valiosa sobre instrumentos exitosos en los distintos países, los cuales pueden ser replicados, mejorados y adaptados según las necesidades de cada caso en particular. La organización de eventos regionales, para compartir y discutir las experiencias existentes de los distintos países en la formulación y ejecución de políticas de desarrollo de la ciencia y la tecnología, sería una iniciativa importante para propiciar este proceso.

11. La creación de incentivos tributarios directos para las empresas que realizan proyectos de innovación ha sido una iniciativa exitosa, en Colombia, para fortalecer la demanda y contribuir con la sostenibilidad

de los programas. Estos incentivos pueden ser reglamentados por sectores, por períodos determinados, por tamaño de las empresas, etc., de manera de asegurar que contribuyan con la formación de una competitividad real. En Venezuela se introdujeron, además, medidas impositivas para asegurar la inversión de las grandes empresas en ciencia y tecnología, no para la creación de fondos a ser administrados por el Estado, sino en proyectos específicos ejecutados por las mismas empresas en sus actividades productivas. Las capacidades de coordinación, negociación, formulación, acompañamiento y seguimiento de proyectos, por parte de los organismos del Estado deben fortalecerse adecuadamente, para que estas medidas tengan el éxito deseado. La política de compras tecnológicas del Estado es otro instrumento valioso para constituir una demanda sostenida en el tiempo y organizar proyectos de competitividad alrededor de cadenas específicas que se orienten a satisfacer esta demanda.

12. Los proyectos deben prestar especial atención a las instituciones públicas llamadas a ejecutarlos. Deben introducirse programas para la formación de los empleados públicos en gerencia social y de la innovación, con una perspectiva global de toda la cadena. Un programa de este tipo se ejecuta actualmente en Venezuela. Además de fortalecer las capacidades humanas, se requiere invertir en modernizar y adaptar el funcionamiento de las organizaciones a las demandas del sector productivo, y a los nuevos instrumentos y políticas de intervención establecidas. Los nuevos esquemas de políticas públicas obligan a innovar en las formas institucionales de gerencia y funcionamiento. Esquemas exitosos se han introducido en CORFO (Chile), por ejemplo, con la creación de redes de aliados para la gestión y administración descentralizada de los proyectos. Alianzas con bancos de segundo piso y con la banca comercial, permiten agilizar la administración de los fondos, como en los casos de Chile y Colombia, aunque hay que velar porque estos mecanismos no entraben el acceso al financiamiento para las PYMES. Las tecnologías de información se utilizan exitosamente en Venezuela para iniciar la automatización total de los procesos de atención al usuario, recepción de proyectos, evaluación, elaboración de contratos y otorgamiento de los fondos. La experiencia indica que los

proyectos recientes ejecutados por los tradicionales CONICYT de cada país, han presentado dificultades en la ejecución de las componentes de competitividad, mientras que las componentes de ciencia y tecnología se ejecutan más rápidamente. Quizás es conveniente evaluar la pertinencia de separar las dos componentes y ejecutarlas con las instituciones más adecuadas para cada sector, con las capacidades adecuadas, en cada caso, para coordinar, convocar y atender las necesidades de los investigadores, por un lado, y de los empresarios, por el otro. En el caso de Chile, la ejecución se trasladó al Ministerio de Economía, con más capacidades institucionales que el CONICYT, pero se presentan problemas de coordinación en la ejecución de las distintas componentes. La inversión en el establecimiento de sistemas de evaluación y seguimiento de la gestión y de la ejecución de los programas, es una necesidad imperiosa, con la elaboración de indicadores adecuados y el establecimiento de instrumentos y plataformas adecuadas para el manejo de la información y el monitoreo del entorno. Las componentes de fortalecimiento institucional deben ser orientadas a atender estos aspectos prioritarios.

13. Los programas específicos para el desarrollo de las tecnologías de información, ya existentes en los países estudiados, deben coordinarse con las políticas de innovación vigentes, ya que su impacto no ha sido todavía suficientemente apreciable en el fortalecimiento de la competitividad de otros sectores productivos, lo cual debe ser uno de los objetivos prioritarios. La inversión debe orientarse principalmente a reforzar proyectos de desarrollo de contenidos locales, de competitividad y modernización de la PYME y cadenas productivas específicas, al gobierno electrónico, a programas de educación, al desarrollo de bases de información con una democratización del acceso equitativo y equilibrado de todos los sectores sociales y regiones del país. Esta demanda, todavía no suficientemente atendida, puede constituirse, con políticas gubernamentales adecuadas, en un enorme impulso para la industria del software en cada país. Debe, además, aumentarse la inversión en programas de formación, ya que el crecimiento del sector es muy rápido en los países estudiados.

14. Los programas de apoyo a la formación de nuevas empresas de base tecnológica, como la creación de incubadoras y semilleros, no han tenido mayor impacto, aunque hay que considerar que son, todavía, iniciativas muy recientes en los países analizados. La poca efectividad de estos programas tiene que ver con la ausencia de capitales de riesgo, las dificultades de acceso al financiamiento de la banca tradicional, la inexistencia de redes de apoyo efectivas, las trabas administrativas, la precariedad de los mecanismos de vinculación con las universidades, y, en definitiva, con la inexistencia de un verdadero sistema nacional de innovación. Los altos costos de inversión que exige la instalación de incubadoras, y su poca efectividad e impacto (salvo, tal vez, en el caso de incubadoras en TI), impulsan a no recomendar de manera inmediata la alta asignación de recursos a estos programas, al menos en los casos de países con sistemas de innovación poco consolidados, donde se requiere concentrar los escasos recursos públicos principalmente en acciones con una efectividad más probable. Iniciativas como las de incluir cursos de formación empresarial en los programas de formación profesional universitarios, de facilitar la movilización de profesores e investigadores hacia la industria, de consolidar redes de apoyo tecnológico, de crear unidades de vinculación universidad-empresa (ubicadas preferiblemente en las empresas), de simplificar los trámites del estado, de fortalecer el sistema de patentes, de completar el sistema financiero nacional, de crear fondos de capital de riesgo, por ejemplo, parecen más prioritarias y efectivas, a la hora de racionalizar la inversión.

15. Los organismos multilaterales tienen roles claves en el desarrollo y la integración regional, con la formulación de políticas globales y programas regionales en el área de ciencia y tecnología, más allá de los convenios específicos con cada país. Las recomendaciones que surgen de este trabajo llevan a considerar, como un factor clave, el establecimiento de acciones que tiendan a complementar y aprovechar las fortalezas y desarrollos específicos de cada país en áreas determinadas. Por ejemplo, sería recomendable el establecimiento de centros de I+D de excelencia, de centros de capacitación técnica, de postgrados, programas de formación y de becas regionales, en áreas específicas,

seleccionadas a partir de las fortalezas ya desarrolladas en cada país, con el objetivo de no duplicar esfuerzos, aprovechar las capacidades existentes en cada país y fortalecerlas, optimizar la inversión y fomentar el intercambio científico y tecnológico en la región, casi inexistente. Otro requerimiento inmediato, es el de programar una agenda de intercambio y discusión en torno a las políticas y experiencias de desarrollo en ciencia y tecnología y en tecnologías de información. El establecimiento de sistemas de información regionales, para apoyo tecnológico, conformando redes entre los distintos fondos existentes, y desarrollando un observatorio de la competitividad regional, sería otra iniciativa productiva. La creación de fondos de capital de riesgo para la región podría ser promovida e impulsada a partir de la acción del banco. En sectores específicos, y atendiendo a las oportunidades de desarrollo de la región, sería necesario lanzar programas regionales en biotecnología y alrededor de las tecnologías de información, particularmente en este caso, complementando capacidades en torno al desarrollo de contenidos. Una dimensión todavía no abordada tiene que ver con el impulso de programas para la internacionalización de las empresas competitivas de cada país, el apoyo a la integración de la oferta y la demanda en la consolidación de mercados regionales, el apoyo a la constitución de alianzas estratégicas y asociaciones productivas internacionales, la vinculación de redes de apoyo tecnológico en la región, y otros, que contribuirían con los objetivos de impulsar el desarrollo armónico de la región.

16. El trabajo realizado permitió desarrollar una metodología que podría ser replicada en todos los países de la región, lo que permitiría una perspectiva global. La encuesta elaborada, en función de la revisión preliminar y la tipificación de problemas o nudos críticos, resulta una herramienta adecuada para los países como los incluidos en este estudio, donde existe una cierta capacidad, en términos de talento humano, infraestructura, productividad científica, inversión nacional, políticas públicas específicas de desarrollo, y una institucionalidad con ciertas fortalezas ya consolidadas en gestión y ejecución de programas de ciencia y tecnología. En función de diagnósticos preliminares, la misma debería ser modificada y adaptada a los países con un nivel diferente

de capacidades y desarrollo, para que pueda ser aplicada. Asimismo, la experiencia realizada permite perfeccionar el instrumento para futuras aplicaciones. Por ejemplo, la encuesta puede ser simplificada, para facilitar su comprensión y respuesta, y se sugiere orientarla por sectores, elaborando instrumentos diferenciados para los sectores públicos, académicos y productivos, con percepciones e intereses distintos, frente a los mismos escenarios. Por otro lado, se recomienda profundizar el estudio de los países considerados en este trabajo, en el cual sólo se incluyeron algunos testimonios de actores relevantes, con el fin de recoger apreciaciones generales que complementaron la información recopilada inicialmente. En este sentido, se sugiere perfeccionar la encuesta, y enviarla a una muestra representativa de los sectores públicos, académicos y privados en cada país, lo que permitiría cuantificar los resultados en términos estadísticos y recopilar una información muy valiosa como base para detectar fortalezas y debilidades, fijar prioridades y orientar las políticas y acciones específicas en cada caso. La encuesta realizada y el análisis de la misma busca incorporar información de algunos expertos reconocidos en la materia, y no pretende dar un carácter sistemático al estudio realizado.

Las tablas 13.1 y 13.2 resumen las principales respuestas que han dado los países incluidos en este estudio a los problemas típicos de la región, en ciencia y tecnología, y, específicamente, en el desarrollo de las TIC.

Problema típico de CyT en América Latina	Respuesta en CHILE	Respuesta en COLOMBIA	Respuesta en URUGUAY	Respuesta en VENEZUELA
Falta de reconocimiento de la relevancia del tema para el desarrollo del país	Programa PIDT con apoyo del BID	Estatus legal del SNCT. Programas de divulgación. Museo de Ciencia Interactivo.	-Creación de la Dirección Nacional de CyT en el Ministerio de Educación y Cultura -Programa de Desarrollo tecnológico, con apoyo del BID	-Artículo 110 de la constitución de 1999 -Creación del Ministerio de CyT -Programas de divulgación -Proyectos de impacto de corto plazo -Plan de Prospectiva
Incoherencia o inadecuación de las políticas, estrategias e instrumentos públicos vigentes	Programa PIDT con apoyo del BID	Formulación de planes nacionales	-Establecimiento de programas de prospección científica y tecnológica, adscritos a la Presidencia de la República. -Definición de áreas de oportunidad -Programa de Desarrollo tecnológico (PDT), con apoyo del BID	-Plan Nacional de Ciencia y Tecnología -Plan Nacional de TIC -Plan Nacional de Prospectiva -Foros de participación pública para discusión de leyes y planes.
Ausencia de un marco jurídico y de incentivos apropiados	Proyecto de incentivos para I+D Zonas de desarrollo tecnológico Reformas del mercado de capitales en proyecto	Ley de ciencia y tecnología, 1990, sin reglamento Incentivos fiscales directos a proyectos de innovación tecnológica, previa aprobación de COLCIENCIAS	-No existen incentivos específicos para la innovación -Zonas francas de alta tecnología -Incentivos para la exportación -Incentivos para I+D, poco utilizados por sector privado	-Artículo 110 de la constitución de 1999 -Ley Orgánica de Ciencia, Tecnología e Innovación, -Leyes estatales de CyT. -Ley de Firmas digitales -Otras leyes del sistema
Dispersión y poco impacto de los recursos de inversión	Programas de Prospectiva Convocatorias por áreas	Planes Nacionales en sectores de importancia para el país Conformación de redes regionales y nacionales	-Definición de Áreas de Oportunidad -Programa de Prospectiva -Estrategias de vinculación universidad-empresa	-Convocatoria a proyectos específicos. -Definición de áreas prioritarias. -Ejercicios prospectivos.

Problema típico de CyT en América Latina	Respuesta en CHILE	Respuesta en COLOMBIA	Respuesta en URUGUAY	Respuesta en VENEZUELA
Insuficiencia de recursos asignados al esfuerzo nacional en este campo	Iniciativas de crear capitales de riesgo en curso. Meta del gobierno de aumentar gasto, no cumplida.	Incentivos tributarios para la participación del sector privado.	-Falta de reflexión y de discusión de estrategias para encarar este problema, así como para garantizar la sustentabilidad de programas iniciados con financiamiento multilateral.	-Aumento significativo de la inversión en CyT como proporción del PIB (estimación promedio de 0.35% del PIB en los últimos años y aumento a más del 0.60%) -Incremento del financiamiento multilateral (BID y Banco Mundial) -Creación del Fondo Nacional de Ciencia, Tecnología e Innovación (Fonacit) -Creación del Fondo de Investigación y Desarrollo en Telecomunicacines (Fidetel) -Inclusión en la Constitución Nacional de Fondos Parafiscales en Agricultura (por crearse) -Inclusión de CyT como área prioritaria a ser financiada por descentralización
Debilidad institucional en el sector público	Debilidades de coordinación y en sistemas de información. Lentitud de respuesta de CONICYT.	Reforma del Estado en curso	-Debilidad, poca credibilidad y liderazgo de la DINACYT -Poca credibilidad de la Corporación Nacional de Desarrollo	-Promoción y divulgación de información -Políticas participativas -Agendas para elaboración de programas -Evaluación pro pares. -Programas de impacto de corto plazo -Definición e implementación de portales e impulso del Internet para la recepción, evaluación, aprobación, financiamiento y seguimiento de proyectos en FONACIT -Programas de Gobierno Electrónico. -Programas de Formación en Gerencia Social y de la Innovación.

Problema típico de CyT en América Latina	Respuesta en CHILE	Respuesta en COLOMBIA	Respuesta en URUGUAY	Respuesta en VENEZUELA
Esfuerzos individuales, aislados y poco eficaces, tanto a nivel de las instituciones públicas como por parte de los componentes científicos y empresariales	Financiamiento a proyectos asociativos de empresas (CORFO). Coordinación del PIDT en MINECOM	Planes regionales. Coordinación del SNCTI asignada a COLCIENCIAS. Clusters de empresas. Planes de competitividad en cadenas productivas. Red de Centros de Desarrollos Tecnológico (CGT). Red de Incubadoras	-No existen estrategias (o no han sido exitosas) para propiciar sinergias entre las universidades y la DINACYT, o entre el sector productivo y la DINACYT. -Los instrumentos del BID para apoyar proyectos asociativos de empresas no han sido exitosos. -No existe coordinación formal o los mecanismos son débiles; entre la DINACYT y otros Ministerios: Economía, Industria o con la Comisión para la Sociedad de la Información y el Programa de Prospectiva (Presidencia), o con la Universidad de la República (CSIC). -La Mesa de la Cebada (iniciativa del sector privado)	-Articulación en agendas por convocatoria pública y amplia participación de los sectores académico, empresarial y gobierno. -Fortalecimiento de la demanda a nivel nacional (de los sectores gubernamental, académico, empresarial) -Programas de estímulo a la participación conjunta de instituciones en red para postgrados, gestión, investigación, innovación industrial -Definición de la articulación de redes institucionales como una de las prioridades de acción gubernamental
Discontinuidad en la definición y aplicación de políticas	Programas de prospectiva	Convocatorias a ejercicios de prospectiva en cadenas productivas	-Establecimiento de programas de prospección científica y tecnológica, adscritos a la Presidencia de la República.	-Establecimiento de programas de prospección científica y tecnológica.
Inexistencia de indicadores de desempeño e impacto	Indicadores de CONICYT y de CORFO (insuficientes)	Observatorio de Ciencia y Tecnología (COLCIENCIAS)	- Esfuerzos recientes de DINACYT para actualizar indicadores en I+D. Estos indicadores no incluyen información del sector privado. - Encuesta reciente de innovación (DINACYT)	- Creación del Observatorio Nacional de CyT - Creación de indicadores de impacto y metodología de seguimiento de programas de fortalecimiento a la gestión regional.

Problema típico de CyT en América Latina	Respuesta en CHILE	Respuesta en COLOMBIA	Respuesta en URUGUAY	Respuesta en VENEZUELA
Debilidad en la evaluación y seguimiento de la gestión	Existen sistemas de seguimiento y gestión, a nivel de la administración pública, en general	Existen iniciativas de seguimiento y gestión, en vías de ser mejoradas	- No existen sistemas específicos de evaluación y seguimiento en actividades de ciencia, tecnología e innovación.	-Creación dirección general de evaluación en el MCT (revisa desempeño de instituciones y ajusta políticas).
Desvinculación de las actividades de I+D con las necesidades del país	Ejercicios de prospectiva Convocatorias por áreas	Unidades de vinculación universidad-empresa Incubadoras Centros de Desarrollo Tecnológico	- Definición de áreas de oportunidad	-Definición de áreas prioritarias -Fortalecimiento de la demanda y de la asociatividad
Falta de visibilidad y credibilidad del sector científico	Programas de divulgación No se encontró información suficiente.	Programas de divulgación No se encontró información suficiente	Programas de divulgación No se encontró información suficiente	-Políticas de divulgación. -Programas juveniles de ciencia -Divulgación por televisión y otros medios -Motivación a la participación mediante políticas para sectores prioritarios de necesidad nacional
Debate ideologizado y estéril entre "ciencia básica" y "ciencia aplicada"	Áreas transversales prioritarias en el PIDT	Prioridad a los programas nacionales	-Prioridad a la "ciencia útil" en áreas de oportunidad	-Prioridad a la "ciencia útil" -Reconocimiento a la interdependencia de saberes y formación del talento humano (30% de los recursos destinados a programas y proyectos en el área de ciencias básicas)

Problema típico de CyT en América Latina	Respuesta en CHILE	Respuesta en COLOMBIA	Respuesta en URUGUAY	Respuesta en VENEZUELA
Desequilibrios entre la oferta y la demanda de CyT (la oferta no se corresponde con la demanda, y hay debilidad en la demanda, tanto del sector productivo como del gubernamental y de la sociedad).	Ejercicios prospectivos Fondos sectoriales Programas regionales del CONICYT Convocatorias por áreas Instrumentos del PIDT para sector productivo.	Cofinanciamiento a proyectos en empresas Incentivos directos a la innovación. Programas regionales	-Apoyo a la creación de unidades de vinculación y transferencia (UVT) en las Universidades (Instrumento del PDT que comenzará a operar en 2003) - Iniciativa de la Facultad de Química (Universidad de la República) para incluir formación empresarial en los cursos de pregrado. - Incubadora de Empresas y Polo tecnológico de la Facultad de Química (Incubación de Unidades de I+D para las empresas) -Centro de Gestión Tecnológica (CEGETEC). (No funcionó) - Programa de Conserjerías Tecnológicas (No ha funcionado)	-Activación de la demanda y atención a las Pymes: - "Agendas", -Fondos de desarrollo tecnológico, -Programas de formación de innovadores y modernizadores empresariales; -Programas de Inserción de Innovadores noveles Industriales", -Programas de Becas Industriales
Debilidad en la demanda de gobiernos locales y desconocimiento del sector en regiones.	Programas regionales del CONICYT Polos de desarrollo tecnológico (Valparaíso)	Agendas Regionales de COLCIENCIAS	No fueron detectadas estas iniciativas. No hay información.	-Definición e implementación de talleres de fortalecimiento de la gestión regional

Problema típico de CyT en América Latina	Respuesta en CHILE	Respuesta en COLOMBIA	Respuesta en URUGUAY	Respuesta en VENEZUELA
Base insuficiente de recursos humanos calificados y de infraestructura para actividades de I+D	Becas Centros de Excelencia (Milenio) Programas CONICYT SENCE (sector empresarial)	Becas, fortalecimiento a postgrados, programas de formación.	- Becas de postgrado. - Instrumentos del PDT - Programa PEDECIBA	-Política de becas y fortalecimiento de postgrados: -Incremento de programas de becas nacionales e internacionales; -Establecimiento de postgrados en Red de instituciones; -Fortalecimiento de convenios internacionales para formación, -programas de beca "sandwich", -sistema hemisférico de intercambio de postgrado, -Fortalecimiento del programa de Promoción del Investigador. -Programas de formación para técnicos. -Creación y establecimiento del programa para la innovación en tecnología popular.
Ausencia o deficiencia de redes de apoyo tecnológico, sistemas de información y de financiamiento para el sector PYMES.	Redes de aliados de CORFO Programas de CORFO: -Apoyo a Centros Tecnológicos -Capital semilla y de riesgo (iniciativas recientes) -PROFOS	Redes de Centros de Desarrollo Tecnológico Convenios de COLCIENCIAS con bancos de segundo piso.	- PDT (parcialmente)	-Creación del Sistema de Calidad y Metrología. -Observatorio Nacional de Ciencia y Tecnología -Redes de aliados regionales -Programa de modernizadores de empresas -Portal de Miinnovación. -Incubadoras

Problema típico de CyT en América Latina	Respuesta en CHILE	Respuesta en COLOMBIA	Respuesta en URUGUAY	Respuesta en VENEZUELA
Insuficiencia del marco institucional para la promoción de la innovación, la calidad y la competitividad en el sector productivo	Componentes del PIDT Programas de CORFO Proyecto de incentivos tributarios	Ley para PYMES Incentivos tributarios directos	- No existen incentivos específicos para la innovación - Zonas francas de alta tecnología -Incentivos para la exportación	-Ley de fondos de capital de riesgo. -Programas de Incubadoras de empresas de base tecnológica. -Acuerdos de cooperación internacional. -Establecimiento de programas de incentivos, de modernización y de fortalecimiento del recurso humano para pymes. -Banco de Desarrollo Social y Económico Programa de clusters a nivel nacional. -Sistema de garantías para Pyme (Sogampi). -Fondo de Crédito Industrial (Foncrei) -Apoyo del Banco Exterior (BancoEx)
Poca vinculación entre los sectores empresariales y académicos	Iniciativas de unidades de vinculación en algunas universidades (inexistentes en la Univ. de Chile) Formación empresarial en los cursos universitarios.	Unidades de vinculación universidad-empresa Incubadoras Centros de Desarrollo Tecnológico	- Creación de UVT (instrumento PDT, 2003) - CEGETEC (no funcionó) -componentes empresariales en formación universitaria -Incubadoras	- Agendas de convocatoria pública para definición de áreas de financiamiento en CyT. -Foros participativos para la definición de políticas. -Programa de fortalecimiento de Clusters (cadenas cooperativas productivas) -Constitución del SNCTI

Problema típico de CyT en América Latina	Respuesta en CHILE	Respuesta en COLOMBIA	Respuesta en URUGUAY	Respuesta en VENEZUELA
Debilidades de las PYMES para la competitividad: formación, redes, ausencia de capacidades para innovación.	Programas de CORFO: - Financiamiento a proyectos asociativos - capital de riesgo Programas de SENCE para formación empresarial Infocentros para PYME.	Programas de formación del SENA	-Instrumentos PDT -Financiamiento a proyectos asociativos	-Programa de Becas Industriales -Programa de inserción de personal especializado innovador en PYME (PIN industrial) -Programa de Modernizadores de Empresas -Programa de Clusters -Incubadoras.
Poca colaboración entre países de América Latina	-No se encontró información de programas específicos, pero existen convenios de cooperación	-No se encontró información de programas específicos, pero existen convenios de cooperación	-No se encontró información de programas específicos, pero existen convenios de cooperación	-Creación o intensificación de la cooperación binacional y multinacional con numerosos países de la región. -Rescate del Consejo Andino de C y T. -Financiamiento multilateral (BID y Banco Mundial)
Escasa transparencia y participación social en formulación de políticas	Métodos prospectivos.	Encuentros de competitividad en cadenas productivas. Prospectiva	-Selección de áreas de oportunidad -Programa de Prospectiva	-Plan Nacional de Prospectiva y ejercicios sectoriales.- Metodología de Agendas -Fortalecimiento de la Gestión Regional -Foros y discusión pública del Plan y Ley.

Tabla 13.1 Problemas típicos de Latinoamérica en CyT, y respuesta de cuatro países.

Problemas en desarrollo de TIC	Respuesta en CHILE	Respuesta en COLOMBIA	Respuesta en URUGUAY	Respuesta en VENEZUELA
Ausencia, insuficiencia o inadecuación de las políticas e instrumentos públicos para el desarrollo de las TIC	Existen políticas vigentes para el desarrollo de TIC	Políticas, planes y programas del Ministerio de Comunicaciones.	-Creación de la Comisión Presidencial para la Sociedad de la Información. -Incentivos para la exportación de la industria del software -Parques Tecnológicos y zonas francas con incentivos especiales para la exportación, infraestructura para empresas en TIC y donde no rigen los monopolios estatales.	-Inclusión en la LOCTI -Ley de Firmas y Mensajes de Datos Electrónicos -Decreto 825 sobre importancia del Internet -Plan Nacional de TIC (incluye políticas en conectividad, capacitación, contenidos, gobierno electrónico y economía digital)
Ausencia o debilidad de las instituciones públicas encargadas de formular, gestionar y ejecutar las políticas, planes y programas en TIC.	MINECOM La Subsecretaría de Telecomunicaciones Incubadoras de empresas	Reforma institucional reciente	-Estrategia Nacional para el Desarrollo de la Sociedad de la Información (2000), para incentivar industria del software y para la educación telemática.	-Creación del Centro Nacional de Tecnologías de Información, adscrito al MCT -Creación del FIDETEL
Falta de reconocimiento de la importancia de las TIC para el desarrollo nacional, por parte del sector público y de la sociedad en general	Políticas vigentes para impulsar TIC Dinamismo y crecimiento del sector Indicadores muy favorables respecto al entorno regional	Agenda Conectividad Programas de Formación en TI	No se encontró información sobre programas específicos.	-Plan Nacional de TIC. -Infocentros. -Programas de fomento al uso de TIC

Problemas en desarrollo de TIC	Respuesta en CHILE	Respuesta en COLOMBIA	Respuesta en URUGUAY	Respuesta en VENEZUELA
Ausencia o debilidad del marco jurídico y de los incentivos apropiados para el desarrollo de las TIC.	Ley de Firmas Incentivos para el acceso y uso de TIC	Incentivos para la adquisición de PC	-Incentivos para la exportación de la industria del software -Proyecto de ley de firma digital	-Inclusión en la LOCTI -Ley de Firmas y Mensajes de Datos Electrónicos -Decreto 825 sobre importancia del Internet
Insuficiente inversión nacional en este sector.	Fondos en programas específicos, a través de instituciones públicas No se encontró información suficiente sobre inversión privada.	Fondos en programas específicos, a través de instituciones públicas No se encontró información suficiente sobre inversión privada.	-Instrumentos del PDT Fondos en programas específicos, a través de instituciones públicas Inversión privada en incubadoras	-Creación de FIDETEL (Fondo para I+D con aportes privados. -Fondos de FONACIT para agenda TIC
Monopolio en Telecomunicaciones	Apertura desde 1997	Apertura	-Monopolio en telefonía básica de la Empresa nacional (ANTEL), salvo en zonas francas.	-Creación y aplicación Ley de Telecomunicaciones
Baja penetración de Internet y desequilibrios en el acceso a las TIC, tanto a nivel regional como por sectores económicos.	Alta penetración y crecimiento a nivel regional Proyecto Enlaces (escuelas en todo el país: 93% con infraestructura y 50% con Internet) Fondo de desarrollo de las Telecomunicaciones Programa Nacional de Infocentros (1.500 en 2003)	Agenda Conectividad Centros de acceso comunitarios	-Estrategia Nacional para el Desarrollo de la Sociedad de la Información (2000)	-Programa Infocentros gratuitos -Centros de Informática (Min. Educación) -Difusión de uso del internet

Problemas en desarrollo de TIC	Respuesta en CHILE	Respuesta en COLOMBIA	Respuesta en URUGUAY	Respuesta en VENEZUELA
Pobre acceso y utilización de las TI en la educación básica.	Programa Enlaces. Formación de maestros (50% formados)	Portal Educativo para formación de maestros. Conectividad para escuelas	-Estrategia Nacional para el Desarrollo de la Sociedad de la Información (2000)	-Agenda TIC en educación -Financiamientos para desarrollo de contenidos educativos -Redes latinoamericanas de contenidos -Programas de formación de maestros
Pobre acceso y utilización de las TIC en el sector productivo, especialmente las PYMES.	Infocentros para PYMEs. Programas de capacitación de SENCE	No se encontró información sobre programas específicos.	-Estrategia Nacional para el Desarrollo de la Sociedad de la Información (2000)	-Programa de modernización de PYMES con TI -Incubadoras de empresas puntocom -Cluster de software
Pobre acceso y utilización de las TIC en el sector de gobierno.	Pago de impuestos en línea. Aduanas automatizadas. Automatización de trámites para empresas (32 en 2003)	Existen esfuerzos para el desarrollo del gobierno electrónico.	-Estrategia Nacional para el Desarrollo de la Sociedad de la Información (2000)	-Gobierno electrónico -Servidores temáticos. -Alcaldías virtuales.
Bajo desarrollo de contenidos nacionales en educación, salud, y otros sectores.	Concurso de FONDEF y FONTEC para contenidos educativos (en curso)	No se encontró información sobre programas específicos.	No se encontró información sobre programas específicos.	-Servidor temático de salud -Agendas del FONACIT
Insuficiencia de personal calificado	No se encontró información sobre programas específicos.	Proyecto INTELIGENTE para formación de 5000 especialistas	-En creación el Centro Académico Industrial de TI (CATI), con aportes del gobierno y del sector privado, destinado a apuntalar el desarrollo de centros de formación, especialmente empresarial.	-Programas de formación Institutos Tecnológicos (IUT). -Programas de becas pregrado y postgrado. -Programas de formación con universidades. -Programas de formación con el sector privado (16.000 programadores con IBM) -Formación en redes de Cisco

Problemas en desarrollo de TIC	Respuesta en CHILE	Respuesta en COLOMBIA	Respuesta en URUGUAY	Respuesta en VENEZUELA
Insuficiencia de fondos para la formación, dotación de infraestructura tecnológica y actividades de I+D en universidades, institutos tecnológicos, postgrados y otras instituciones de educación superior y de investigación.	No se encontró información sobre programas específicos.	Programas de COLCIENCIAS	No se encontró información sobre programas específicos.	-Creación de FIDETEL (0.5% de la inversión bruta en telecomunicaciones) -TIC como área prioritaria en I&D -Agenda DICC (desarrollo en contenidos y capacitación)
Acceso al financiamiento de las empresas del sector	No existe capital de riesgo, aunque existen iniciativas en curso Fondos y programas públicos	No existe capital de riesgo, aunque existen iniciativas en curso Fondos y programas públicos	Instrumentos del PDT para financiamiento de proyectos.	-Programa de modernización de PYMES con TI -Incubadoras de empresas puntocom -Cluster de software

Tabla 13.2 Principales problemas para el desarrollo de las TIC en Latinoamérica y respuestas en cuatro países.

FUENTES, REFERENCIAS Y BIBLIOGRAFÍA

CHILE

1.   http--www.iadb.org-regions-re1-ch-chileesp.pdf
2.   http--www.economia.cl-docs-pdf-Info_Final.pdf
3.   www.mideplan.cl/sitio/Sitio/indicadores/htm/indicadores_desempeno.htm
4.   Proyecto Para El Ministerio De Economia Del Gobierno De Chile Financiado Por El Banco Interamericano de desarrollo "Obstáculos y oportunidades de inversión para el desarrollo de las pequeñas y medianas empresas en Chile" Realizado Por La Universidad de Ferrara y la Consultora Nomisma, Bologna, Italia Coordinado por Patrizio Bianchi Mario Davide Parrilli Marzo 2002.
5.   http--www.mideplan.cl-sitio-Sitio-estudios-documentos-informepobrezaimpacto2000. pdf
6.   COMISION PRESIDENCIAL"Nuevas Tecnologías de Información y Comunicación Chile, Enero de 1999 CHILE: HACIA LA SOCIEDAD DE LA INFORMACIÓN Enero de 1999
7.   Comparación Internacional Indicadores De Telecomunicaciones Julio 2002
8.   Boletín Indicadores Internacionales N°2 - Julio 2002SUBTEL - División Política Regulatoria y Estudios - Departamento Regulación Económica.
9.   Measuring the Evolution of Information Societies Analyst: Ludovica Brunohttp /www. idc.co
10.   CONICYT, Departamento de Información, Chile, Indicadores 2000, www.conicyt.cl.
11.   BID. "Competitiveness: The Business of Growth: Economic and Social Progress in Latin America", Washington DC, 2.001
12.   BID-PPR, Chile, S&T Program Evaluation, Washington DC, oct. 1.997
13.   www.hightechchile.com
14.   "Ciencia, Tecnología e Innovación Programas y Políticas en Chile", Informe de una misión internacional patrocinada por la CONICYT, Chile, y el CIID, Canadá, noviembre de 1998
15.   CONICYT, Portal de Ciencia y Tecnología, Chile, www.conicyt.cl
16.   Hodara J, "En torno al sistema chileno de innovación científica y tecnológica - Apreciaciones críticas", EIAI, vol 10, No 1, enero-junio, 1999
17.   World Economic Forum, 2.001, Global Competitiveness Report.
18.   BID. "Competitiveness: The Business of Growth: Economic and Social Progress in Latin America", Washington DC, 2.001.
19.   Centro de Análisis de Políticas Públicas, Universidad de Chile, Banco Interamericano de Desarrollo, "Proyecto: Reforma del Estado- Experiencias y Desafíos en América Latina. Estudio de caso No 2, Informe Final: Brasil, Chile, Uruguay", Noviembre de 2000
20.   www.economia.cl , Ministerio de Economía de Chile.
21.   BID, Science and Technology Program Evaluation, Chile, Project: PR#1827, October 1997
22.   www.corfo.cl , Corporación de Fomento a la Producción, Chile.
23.   Publicaciones del Ministerio de la Secretaría, Gobierno de Chile, Políticas, Área Económica, nov. 2000.
24.   www.intec.cl , Corporación de Investigación Tecnológica de Chile.
25.   BID, CH-0160, número 1286/OC-CH, "Programa de Desarrollo e Innovación Tecnológica", 2000, en www.economia.cl
26.   CORFO, Memoria 2001, Chile.

27. FONDECYT, Programa FONDECYT: Impacto y Desarrollo 1981-2000, Chile, diciembre 2000
28. www.inn.cl , Instituto Nacional de Normas de Chile.
29. www.proind.gov.cl, Departamento de Propiedad Industrial, Ministerio de Economía de Chile.
30. FONDEF-CONICYT, Bases del concurso para el "Programa Sistema de Información en Ciencia, Tecnología e Innovación Tecnológica", Chile, 2002 (sitio Web)
31. www.oei.org.co/guiaciencia/chile.htm, Organización de Estados Iberoamericanos, Guía Administrativa de la Ciencia, Chile.
32. CORFO, "La PYME en Chile: Presencia de la Pyme en el Universo Empresarial Chileno, 1994-1997", estudio realizado por CORFO, Santiago de Chile, julio 2000.
33. Universidad de Chile, CEPAL, "Desarrollo se escribe con PYME": El caso chileno. Desafíos para el crecimiento. RESUMEN EJECUTIVO, mayo 2002 (en sitio Web Iberpyme)
34. Comité Público Privado de la Pequeña Empresa, Informe, Chile, julio, 2000

COLOMBIA

1. Banco de Exportaciones de Colombia www.bancoldex.com-pdf-Reporte Colombia mayo 02
2. Banco de Exportaciones de Colombia www.bancoldex.com-pdf-Indicadores economicos mayo-02.pdf
3. Banco de Exportaciones de Colombia www.bancoldex.com-pdf-Reporte Colombia mayo 02.pdf
4. www.colciencias.gov.co
5. Banco Interamericano de Desarrollo www.iadb.org-regions-re3-sep-co-sep.pdf
6. Banco de Exportaciones de Colombia www.bancoldex.com-pdf-Boletín marzo 2002
7. Política para el Fomento del Espíritu Empresarial y la Creación de Empresas Departamento de Planificación de la República de Colombia, www.dnp.gov.co
8. Comportamiento de las Exportaciones. www.dane.gov.co
9. Informe de sobre desarrollo humano para Colombia 2000. PNUD
10. IMD World Competitiveness Yearbook 2002
11. Documento Como se encuentra el País en Tecnologías de la Información. www.gobiernoenlinea.gov.co
12. Measuring the Evolution of Information Societies Analyst: Ludovica Brunohttp /www.idc.com
13. www.agenda.gov.co
14. Departamento de Planificación de la República de Colombia, www.dnp.gov.co
15. Bonilla M. G., Lucio D., Lucio J., "Sensible disminución de la inversión del sector público central en actividades científicas y tecnológicas entre 1995 y 1999", Observatorio de Ciencia y Tecnología , OCyT Barómetro, Vol. 1, No. 3, Colombia, octubre de 2000
16. Documento Conpes 3080, República de Colombia, Departamento Nacional de Planeación, Política Nacional de Ciencia y Tecnología, 2000-2002, Colciencias, DNP:UDE, versión aprobada, Santa Fe de Bogotá, D.C., junio 28 de 2000
17. Indicadores RICYT, Red Iberoamericana de Indicadores de Ciencia y tecnología, Buenos Aires, 2000
18. Charum J, Olaya DJ, "Una nota sobre el comportamiento de la investigación en Colombia en el período 1993-1998", OCyT Barómetro, Vol. 1, No. 4, Observatorio de

Ciencia y Tecnología, Colombia, noviembre de 2000
19. Ordóñez G, "Colombia: País con uno de los más bajos coeficientes de invención del hemisferio", OCyT Barómetro, VOL.1, No.1, agosto de 2000
20. Observatorio de Ciencia y Tecnología, indicadores, www.colciencias.gov.ve
21. Documento Conpes 3080, República de Colombia, Departamento Nacional de Planeación, Política Nacional de Ciencia y Tecnología, 2000-2002, Colciencias, DNP:UDE, versión aprobada, Santa Fe de Bogotá, D.C., junio 28 de 2000
22. Organización de Estados Iberoamericanos para la Educación, la Ciencia y la Cultura, OEI, Guía Iberoamericana de la Administración Pública de la Ciencia, Colombia, 1998
23. "Diagnóstico de la competitividad a nivel mesoeconómico", Departamento Nacional de Planeación. UDT-DIDT, República de Colombia, 1996
24. Melo Alberto, "The innovation systems of Latin America and The Caribbean", Inter-American Development Bank, BID, Research Department, Working Paper #460, agosto 2001
25. Rojas Clara L, "Sistema de patentes y propiedad intelectual en Colombia", proyecto RLA/92/G 32, Santa Fé de Bogotá, 1994
26. Indicadores RICYT, Red Iberoamericana de Indicadores de Ciencia y tecnología, Buenos Aires, 2000
27. Departamento de Planificación de la República de Colombia, www.dnp.gov.co
28. Instituto Colombiano para el Fomento de la Educación Superior, www.icefs.gov.co
29. ICDS, "La Educación Superior en la Década", Resumen Estadístico, Colombia, 1990-1999, documento ICDS en www.icefs.gov.co
30. Sistema de Innovación colombiano (www.colciencias.gov.co:8888/sin)
31. Servicio Nacional de Aprendizaje, SENA, (www.sena.edu.co)
32. COLCIENCIAS, www.colciencias.gov.ve
33. Instituto Colombiano de Normas Técnicas, ICONTEC, www.icontec.org.co
34. ISO, "El Estudio de ISO acerca de los certificados ISO 9000 e ISO 14000"
35. Superintendencia de Industria y Comercio (www.sic.gov.co)
36. Departamento Administrativo Nacional de Información Estadística, DANE, www.dane.gov.co
37. BID, "Encuesta manufacturera 90-98, Colombia"
38. FUNDES, "Indicadores del entorno en la pequeña y mediana empresa (pyme) en los países FUNDES", 2002, en sitio web: www.fundes.org
39. www.hightechchile.com

URUGUAY

1. http--www.bcu.gub.uy-index3.html
2. http--www.iadb.org-regions-re1-sep-ur-Ur.pdf
3. Documento Ciencia y Tecnología y La Cámara De Industrias Del Uruguay
4. Cambios en La Industria En La Ultima Década Departamento De Estudios Económicos
5. Informe EXPORTACIONES DE LA INDUSTRIA DEL SOFTWARE Informe realizado por el Ec. Luis Stolovich (MC CONSULTORES), con la colaboración de la Universidad ORT.
6. PROYECTO BID-FOMIN
7. www.ituruguay.com.uy
8. Ministerio de Economía y Finanzas de Uruguay. Contaduría General de la Nación
9. "El Estado de la Ciencia. Principales Indicadores de Ciencia y Tecnología Iberoamericanos / Interamericanos 2001", Red Iberoamericana de Indicadores de Ciencia y Tecnología

(RICYT), Buenos Aires, 2002.

10. Dinacyt-Conicyt, Indicadores, en www.conicyt.gub.uy/indicadores
11. Instituto Nacional de Estadísticas. Encuesta Continua de Hogares
12. Ministerio de Educación y Cultura-DINACYT, "Uruguay en la Encrucijada: Visión para la Ciencia, la Tecnología y la Innovación, Una estrategia para construir el futuro", 2002
13. Ministerio de Industria, Energía y Minería, Dirección Nacional de la Propiedad Industrial, Registro Nacional de Patentes
14. Ordóñez G, "Colombia: País con uno de los más bajos coeficientes de invención del hemisferio", OCyT Barómetro, VOL.1, No.1, agosto de 2000
15. World Economic Forum, 2.001, Global Competitiveness Report.
16. Melo Alberto, "The innovation systems of Latin America and The Caribbean", Inter-American Development Bank, BID, Research Department, Working Paper #460, agosto 2001
17. BID. "Competitiveness: The Business of Growth: Economic and Social Progress in Latin America", Washington DC, 2.001.
18. BID: "La Ciencia y la Tecnología para el Desarrollo: Una estrategia del BID", Departamento de Desarrollo Sostenible, Washington D.C., 2.000.
19. Ministerio de Educación y Cultura-DINACYT, "Uruguay en la Encrucijada: Visión para la Ciencia, la Tecnología y la Innovación, Una estrategia para construir el futuro", 2002
20. Sutz J., "La caracterización del Sistema Nacional de Innovación en el Uruguay: enfoques constructivos", Nota Técnica 19/98, Instituto de Economia da Universidade Federal do Rio de Janeiro - IE/UFRJ, Rio de Janeiro, março de 1998
21. www.oei.org.co/guiaciencia/uruguay.htm, Organización de Estados Iberoamericanos, Guía Administrativa de la Ciencia, Uruguay.
22. 8. Porcaro D y García D, "Incentivos fiscales para el Desarrollo del Software", www. pwc.com
23. www.recyt.org.uy
24. www.uruguayenred.gub.uy
25. BID. Contrato de Préstamo Nº 1293/OC-UR, 2001
26. www.rau.edu.uy/universidad/
27. www.ucu.edu.uy
28. www.ort.edu.uy
29. Enrique M. Cabaña, Universidad de la República, Jornadas sobre Estrategias y Financiamiento de Ciencia y Tecnología en el MERCOSUR, Bolivia y Chile, DINACYT – UNESCO, Montevideo, 13-15 de marzo de 2002.
30. Inter-American Development Bank, Project Performance Review, Science and Technology Program Evaluation, Uruguay: Science and Technology Program, Project No: 1806, Loans: 646/OC-UR and 647/OC-UR, Evaluation Office, Washington D.C., October 1997.
31. http://iibce.edu.uy
32. www.inia.org.uy
33. www.conaprole.com.uy
34. www.latu.org.uy
35. Price Waterhouse Cooper: "The Gateway to MERCOSUR: The Free Zones of Uruguay", en www.pwcglobal.com
36. www.silicon-plaza.com
37. www.biotec-plaza.com
38. www.conicyt.guv.uy

39.   www.cnd.org.uy
40.   ISO: "El Estudio de ISO acerca de los certificados ISO 9000 e ISO 14000"
41.   www.miem.guv.uy
42.   Encuesta Industrial 2001, en www.iberpyme.html
43.   CIU: Situación y Principales Problemas del Financiamiento de las Empresas Industriales, en www.ciu.com.uy

VENEZUELA

1.   OCEI, Anuario Estadístico de Venezuela, 1.999, Ministerio de Planificación y Desarrollo, junio 2.001.
2.   Estadísticas e indicadores del Banco Central de Venezuela. Página Web.
3.   Informe de fin de año del Presidente del BCV, 2.001.
4.   Informe Económico, 2.000, Banco Central de Venezuela
5.   Observatorio PYME: Estudio de la pequeña y mediana empresa en Venezuela, publicación coordinada por Páez Tomás, edición de la CAF, Caracas, Venezuela, 2.001.
6.   Torres Gerver, "Un sueño para Venezuela: ¿Cómo hacerlo realidad?", publicación del Banco Venezolano de Crédito, Caracas, Venezuela, 2.001.
7.   Informe petróleo y datos 2.002, de la EIA. www.eia.doe.gov
8.   World Developement Indicators Database, 2.000.
9.   Bancoex, perfil de país 2.002.
10. World Economic Forum, 2.001, Global Competitiveness Report.
11. PNUD, Informe de Desarrollo Humano, 2.001.
12. MCT, Folleto para la promoción de la inversión en Venezuela, elaborado por CONAPRI, 2.001.
13. Ministerio de Planificación y Desarrollo, Plan de desarrollo de la nación, CD-ROM, Caracas, Venezuela, 2.001.
14. Bianco, Jesús E., "Coyuntura Económica y perspectivas 2.002", CONINDUSTRIA, CONINCEEL, Caracas, Venezuela, 2.002, www.conindustria.com.
15. Cuevas Mario A, "POTENTIAL GDP GROWTH IN VENEZUELA: A STRUCTURAL TIME SERIES APPROACH", The World Bank ,Latin America and the Caribbean Vice-Presidency, Colombia, México, and Venezuela, Country Management Unit, Washington, D.C., Abril 2002
16. Ministerio de Ciencia y Tecnología, Indicadores 1.999, www.mct.gov.ve
17. BID, Banco Interamericano de Desarrollo, documento de país, www.iadb.org/regions/paises.htm
18. CEPAL, informe 2.000.
19. OECD, Organisation for Economic Co-operation and Development, 2.000, International Direct Investments Statistics Yearbook, París, Francia.
20. Ministerio de Ciencia y Tecnología, Indicadores, Caracas, Venezuela, www.mct.gov.ve
21. "Historia del CONICIT en cifras durante el siglo XX", publicación del CONICIT, Caracas, Venezuela, 2.000.
22. Ordóñez G, "Colombia: País con uno de los más bajos coeficientes de invención del hemisferio", OCyT Barómetro, VOL.1, No.1, agosto de 2000
23. MCT-FVPI, Fundación Venezolana de Promoción del Investigador, Indicadores 2.001, Caracas, Venezuela. www.fvpi.gov.ve
24. MCT-CNTI, Consejo Nacional de Tecnologías de Información, indicadores, Caracas, Venezuela, www.cnti.ve

25. MCT, Folleto para la promoción de la inversión en Venezuela, elaborado por CONAPRI, 2.001.
26. CAVECOM-e, indicadores 2.001, Venezuela, página web.
27. DATANALISIS, resultados de encuestas 2.000 y 2.002, Venezuela.
28. BID. "Competitiveness: The Business of Growth: Economic and Social Progress in Latin America", Washington DC, 2.001.
29. BID: "La Ciencia y la Tecnología para el Desarrollo: Una estrategia del BID", Departamento de Desarrollo Sostenible, Washington D.C., 2.000.
30. Amable Bruno, Barré Rémi, Boyer Robert, "Les Systèmes d'Innovation a l'ère de la Globalisation", Economica, Paris, Francia, 1.997
31. RICYT, indicadores, www.redhucyt.oas.org/RICYT
32. MCT, "La Ciencia y la Tecnología en la Construcción del Futuro del País", ciclo de foros nacionales, publicación del MCT, Caracas, Venezuela, 2.000.
33. Cybernation v2.0 : « The US High-Tech industry and world markets », informe de la American Electronics Association (AEA), 2.000, www.aeanet.org.
34. BID, Informe anual 2.001, Washington DC, 2.001
35. OCEI, Anuario Estadístico de Venezuela, 1.999, Ministerio de Planificación y Desarrollo, junio 2.001.
36. CONAPRI, indicadores y estadísticas, Caracas, Venezuela, 2.002, página Web.
37. CONINDUSTRIA, boletines, reportes y estudios, Caracas, Venezuela, 2.002, página web.
38. CONATEL, Comisión Nacional de Telecomunicaciones, Caracas, Venezuela, www.conatel.gov.ve
39. Science & Technologie Indicateurs 2.002, rapport de l'Observatoire des Sciences et des Techniques, París, Francia, 2.002.
40. Constitución de la República Bolivariana de Venezuela, edición de la Presidencia de la República, Caracas, Venezuela, 1.999.
41. Ley Orgánica de Telecomunicaciones, Gaceta Oficial No 36.970, Caracas, Venezuela, 12 de junio de 2.000.
42. Decreto No 825, Gaceta Oficial No 36.955, Caracas, Venezuela, 22 de mayo de 2000
43. Ley Especial sobre Delitos Informáticos, Gaceta Oficial No 37.313, Caracas, Venezuela, 30 de octubre de 2001
44. Fernández, Fernando M, "Los Delitos Informáticos en Venezuela", Venezuela Analítica editores, Caracas, 2.001.
45. Ley de Mensajes de Datos y Firmas Electrónicas, Gaceta Oficial No 37202, Caracas, Venezuela, 28 de febrero de 2001
46. Ley Orgánica de Ciencia, Tecnología e Innovación (LOCTI) Gaceta Oficial No. 37.291, Caracas, Venezuela, 26 de septiembre de 2001
47. Ley de la Función Pública de Estadística, Gaceta Oficial No 37.321, Caracas, Venezuela, 9 de noviembre de 2000
48. Ley de Promoción y Protección de la Ciencia y la Tecnología del Estado Sucre, Gaceta Oficial del Estado Sucre, Cumaná, Venezuela, 3 de junio de 1.996.
49. Ley para de Ciencia, Tecnología e Innovación del Estado Portuguesa, Gaceta Oficial del Estado Portuguesa, No 79 extraordinario, Guanare, Venezuela, 19 de marzo de 2.002.
50. Ley del Sistema Nacional de Garantías Recíprocas para la Pequeña y la Mediana Empresa, Gaceta Oficial No 5.372, Caracas, Venezuela,11 de agosto de 1.999
51. Ley sobre Promoción y Protección de Inversiones, Gaceta Oficial No 5.390, Caracas,

Venezuela, 22 de octubre de 1.999.

52. Ley de reforma parcial de la ley de asignaciones económicas especiales para los estados, derivadas de minas e hidrocarburos, Gaceta Oficial No 37.086, Caracas, Venezuela, 27 de noviembre de 2.000.

53. Ávalos Gutiérrez, de la Vega Iván, "Guía Iberoamericana de la Administración Pública de la Ciencia: Venezuela", www.oei.es.

54. MCT: Informe sobre incentivos fiscales para actividades relacionadas con Ciencia y Tecnología en Venezuela, reporte elaborado por ITP C.A., publicación interna, Caracas, 2.001

55. MCT: Informe sobre organismos adscritos, publicación interna, Caracas, 2.002

56. MCT: Memoria y Cuenta 2.000, presentada a la Asamblea Nacional, Caracas, Venezuela, Enero 2.001

57. MCT: Memoria y Cuenta 2.001, presentada a la Asamblea Nacional, Caracas, Venezuela, Enero 2.002

58. MCT: Reglamento Orgánico del MCT, Caracas, Venezuela, 2.002

59. Instituto Tecnológico Venezolano del Petróleo (Intevep), PDVSA,. http://www.pdv.com/intevep

60. Instituto para la Conservación del Lago de Maracaibo (ICLAM): http://www.iclam.gov.ve/

61. Centro Interamericano de Desarrollo e Investigación Ambiental Territorial (CIDIAT): http://www.cidiat.ing.ula.ve/

62. Capacitación e Investigación a la Reforma Agraria (CIARA), adscrita al Ministerio de Agricultura: http://www.ciara-ve.com/

63. Fundación POLAR: Informe de actividades 2.000-2.001, Caracas, Venezuela.

64. Consejo Nacional de Universidades, Gerencia de Estadística, Informática, y Documentación, indicadores 2.000, Caracas, Venezuela, página Web.

65. Valdivieso, Renato, "Unidades de vinculación (UV) Universidad-empresa en Venezuela", RECITEC - Revista de Ciência e Tecnologia, Recife, v.4, n.1, p.29-53, Brasil, 2.000, www.fundaj.gov.br.

66. García Guadilla, Carmen, "Educación Superior en Venezuela en el contexto de una compleja transición política", CENDES, Universidad Central de Venezuela, Caracas, 2.001.

67. Crespo Germán, "Los parques tecnológicos y el negocio de la tecnología", Espacios, Vol. 20 (1) 1.999

68. Portal Universia: Informe sobre parques tecnológicos en Venezuela, 2.001.

69. Universidad Simón Bolívar, indicadores, Caracas, Venezuela (www.usb.ve)

70. Certificación y calidad en Venezuela, www.fondonorma.org.ve

71. Asamblea Nacional, "Informe: Ley Orgánica del Sistema Venezolano de Calidad", oficina de asesoría económica y financiera, Serie: informes 01-035, Caracas, Venezuela, agosto 2.001.

72. Ley de Metrología, Gaceta Oficial Nº 2.717 Extraordinario, Caracas, Venezuela, 30 de diciembre de 1980

73. U. S. Department of Commerce-National Trade Data Bank, "Venezuela Standards & Conformity Assessment", November, 2000.

74. Medina Puig Maria Elena, "La convención sobre la diversidad biológica y la propiedad intelectual en Venezuela", Mérida, Venezuela,1995

75. SENCAMER, Servicio Autónomo de Calidad Metrología y Reglamentos Técnicos, Informes de la Coordinación de Atención al Cliente, Caracas, Venezuela, 2.001

76. Trámites ante el Servicio Autónomo de Propiedad Intelectual, SAPI, www. venezuelaproduvtiva.gov.ve
77. www.petrolatin.com   :"FONCREI: Financiamiento para la PYME"
78. Ley de los Fondos y las Sociedades de Capital de Riesgo, Gaceta Oficial de la República Bolivariana de Venezuela, N° 37.076, 13 de noviembre de 2000.
79. CONINDUSTRIA, "El Financiamiento y el Desarrollo Industrial: Beneficios", Caracas, Venezuela, 2.000, www.conindustria.org
80. Ministerio de Finanzas: Sistema Financiero Nacional, www.mf.gov.ve
81. Observatorio PYME: Estudio de la pequeña y mediana empresa en Venezuela, publicación coordinada por Páez Tomás, edición de la CAF, Caracas, Venezuela, 2.001
82. FEDEINDUSTRIA: encuesta situación de la PYMI en Venezuela, Caracas, Venezuela, 2.002, www.conindustria.org
83. Alter Norbert (ed), « Les logiques de l'innovation, approche pluridisciplinaire », col Recherches, La Découverte, Paris, Francia, 2.002.
84. MCT, "Plan Nacional de Ciencia, tecnología e Innovación", Caracas, Venezuela, 2.002, www.mct.gov.ve
85. MCT: Memoria y Cuenta 2.000, presentada a la Asamblea Nacional, Caracas, Venezuela, Enero 2.001
86. MCT: Memoria y Cuenta 2.001, presentada a la Asamblea Nacional, Caracas, Venezuela, Enero 2.002
87. MCT, "La Ciencia y la Tecnología en la Construcción del Futuro del País", ciclo de foros nacionales, publicación del MCT, Caracas, Venezuela, 2.000.
88. Avalos Gutiérrez Ignacio, "El Programa de Agendas de Investigación como intento de asociar a los tres sectores: Experiencias en Venezuela", Seminario "Educación superior y ciencia y tecnología en América Latina y el Caribe: Respuestas frente a la expansión y a la diversificación", Fortaleza, Brasil - Marzo 8, 2002, publicación del Departamento de Desarrollo Sostenible, Banco Interamericano de Desarrollo.
89. Ángel Rubén, "Inventario de experiencias prospectivas en Venezuela: 1.970-2.000", MCT, Caracas, 2.000, www.venezuelainnovadora.gov.ve
90. MCT, " Formulación y planificación del Programa Nacional de Prospectiva Científica y Tecnológica de Venezuela", Caracas, Venezuela, 2.001, www.venezuelainnovadora. gov.ve
91. MCT-PDVSA, "Estudio de oportunidades de desarrollo de la industria química en Venezuela", mayo 2.001 (publicación interna)
92. MCT-CNTI, "Plan Nacional de Tecnologías de Información", 2.001.
93. MCT: portal de recepción y evaluación de proyectos, www.minnovacion.gov.ve
94. MCT: portal de recepción y evaluación de proyectos, www.miproyecto.gov.ve.
95. MCT-CNTI, servidor temático de producción y comercio, www.venezuelaproductiva. gov.ve
96. MCT-CNTI, portal de gobierno, www.gobiernoenlinea.ve
97. MCT-CNTI, servidor temático en salud, www.venezuelasaludable.gov.ve
98. MCT-CNTI, contenidos de educación básica, www.rena.edu12.ve
99. MCT-CNTI: Infocentros, Caracas, Venezuela, www.infocentros.gov.ve
100. CAF-INCAE "Cluster de Software en Venezuela: Diagnóstico, Benchmarking y Principales áreas de acción", septiembre 2.001
101. MCT, "Informes de ejecución de agendas en áreas prioritarias", documentos internos, 2.001.
102. MCT: "Informes del sistema de evaluación y seguimiento de la gestión del FONACIT",

documentos internos, 2.002.

103. MCT, "Manuales de procedimientos y términos de referencia para la INTRANET-EXTRANET del MCT-FONACIT", elaborado por ITP consultores, documento interno, 2.001.

104. MCT, "Plan Operativo 2.002"

105. FONACIT, "Plan Operativo 2.002"

106. FONACIT, "Estudios y propuestas sobre las Comisiones Técnicas", Garcés Francisco, documento interno, 2.001.

107. Santos López Leyva, "Teoría Económica de la Innovación Tecnológica", La Revista del Doctorado, Año II, No. Doble 4-5, Abril de 1999, Culiacán, México, www.uasnet.mx/dcs/revista/No4-5/

108. Fernández Font, "Innovación, consideraciones sobre su alcance actual y sus implicaciones" , www.redem.buap.mx

109. Lopriore Marco, "Las redes de empresas y la sociedad de la información: temas para las políticas regionales de la UE", Índice Revista 19, The IPTS Report

110. MCT, "Plan Operativo 2.002"

ANEXO

Encuesta para evaluar capacidades, potencial y políticas públicas relacionadas con el Sistema Nacional de Ciencia, Tecnología e Innovación

Elaborada por: Marianela Lafuente y Carlos Genatios

Antecedentes:

Esta encuesta está destinada a evaluar la eficacia y pertinencia de las políticas y programas de Ciencia y Tecnología implementados en América Latina.

Las estrategias de políticas públicas responden a un enfoque sistémico, que busca fortalecer los Sistemas Nacionales de Innovación (SIN), con los objetivos principales de:

- Incorporar nuevas tecnologías y procesos en la producción y procesos conexos de las empresas.

- Fortalecer las instituciones de financiamiento, información, apoyo técnico, servicios y normas para el sector productivo.

- Acrecentar montos, eficacia y productividad de la inversión en Ciencia y Tecnología.

- Formar y aprovechar los recursos humanos.

- Fortalecer las vinculaciones entre los componentes y actores del SNI.

- Fortalecer la cooperación internacional en Ciencia y Tecnología.

- Complementar los programas de organismos multilaterales en esta área con inversiones en educación básica, secundaria, superior y capacitación laboral, entre otros.

Objetivos de la encuesta

Con esta encuesta se busca caracterizar el grado de desarrollo de los sistemas de innovación nacionales en cuatro países de América Latina, identificar las experiencias y prácticas exitosas en políticas y programas públicos nacionales, así como los principales obstáculos en su implementación, las deficiencias, adecuación y eficacia de los instrumentos existentes para la ejecución de las políticas vigentes y el grado de vinculación de los distintos actores y componentes de los Sistemas Nacionales de Ciencia, Tecnología e Innovación, a través del examen de problemas y nudos críticos, considerados como típicos en la región, para el desarrollo y aprovechamiento de procesos de innovación.

Los países seleccionados fueron: Venezuela, Chile, Uruguay y Colombia. En cada país, la encuesta será enviada a representantes escogidos de organizaciones de los sectores públicos, privados y académicos del SNCTI. Estos representantes son muy especialmente seleccionados.

Datos de la persona que llena la encuesta

País: _____

Nombre y Apellido: _____

Nacionalidad: _____

Edad: _____

Profesión: _____

Dirección de correo electrónico: _____

Dirección de correspondencia: _____

Teléfonos: _____

FAX: _____

Breves datos curriculares: _____
_____
_____
_____
_____

Nombre de la Institución, organismo o empresa donde trabaja:

Sector: Gestión pública: _____, Empresarial:_____ , Académico-Investigación: _____

Cargo dentro de la Institución: _____

Dependencia o departamento de adscripción dentro de la Institución: _____
_____

Dirección de la Institución: _____
_____

Sitio Web de la Institución: _____

Ingresó a la Institución en la fecha: _____

Breve descripción de la Institución y de su relación con el SNCTI: _____
_____
_____
_____
_____

A continuación, se lista una serie de situaciones consideradas típicas en muchos países de América Latina. La encuesta incluye preguntas referidas a cada una de ellas, con la intención de caracterizar, según su opinión, la situación específica actualmente en su país.

1. El gobierno no da suficiente importancia al desarrollo de la ciencia, la tecnología y a la consolidación de un sistema nacional de innovación.

Marque con una X, una o más de las siguientes posibilidades
__ 1. No existen políticas nacionales sobre el tema.
__ 2. Las políticas han cambiado de orientación en los últimos cinco años
__ 3. Existen políticas, pero de poco impacto en el desarrollo económico y social
__ 4. Existen políticas, pero sólo destinadas al desarrollo académico y científico, con poco impacto en el sector productivo.
__ 5. Las políticas son muy recientes y no se puede evaluar todavía el posible impacto.
__ 6. El Gobierno ha implementado políticas exitosas
__ 7. El Gobierno ha implementado políticas, pero han sido parcialmente exitosas.
__ 8. El Gobierno ha implementado políticas, pero no han sido exitosas.
__ 9. Es actualmente una prioridad del gobierno nacional

Comentarios: _____
_____
_____
_____
_____

2. La inversión nacional anual en actividades de I+D, ciencia, tecnología e innovación es insuficiente y con poco impacto en el desarrollo económico y social del país

Marque con una X, una o más de las siguientes posibilidades
__ 1. El mayor porcentaje de la inversión proviene del gasto público.
__ 2. El sector privado realiza un:
____ a. 0% de la inversión nacional
____ b. Menos del 30%

___ c. Entre 30% y 50%
___ d. Más del 50%
___ e. No existen datos
___ f. No sé.
___ 3. La inversión del sector público ha aumentado en los últimos cinco años.
___ 4. La inversión del sector privado ha aumentado en los últimos cinco años.

Comente si existen criterios de inversión pública según áreas o sectores prioritarios. ¿Cuáles, cómo se determinan, son los adecuados? _____
_____
_____
_____
_____

Enumere los principales incentivos, instrumentos de política y otros existentes, para aumentar la participación del sector privado. Comente si han sido exitosos o no, y por qué. _____
_____
_____
_____
_____

¿Se justifica la inversión efectuada por el sector público en actividades de I+D y en el sector de CTI? ¿Cuál ha sido su impacto y los principales sectores beneficiados en los últimos cinco años? _____
_____
_____
_____
_____

3. Los Sistemas Nacionales de Ciencia, Tecnología e Innovación no están consolidados.

Marque con una X, una o más de las siguientes posibilidades
___ 1. Tienen estatus jurídico
___ 2. Existen sólo en la intención política

___ 3. Están en vía de consolidación

___ 4. No existen

___ 5. Existen un conjunto de instituciones y diferentes componentes del sistema de ciencia, tecnología e innovación, pero desarticulados, muchas veces duplicando esfuerzos o realizando iniciativas aisladas, poco eficaces.

___ 6. Hay un único organismo público con competencias específicas para regir y/o coordinar el sistema.

Comente brevemente:

1. ¿Cuál es el organismo que se articula más con otros componentes del sistema? ___

_____
_____
_____
_____

2. ¿Cuáles son los componentes menos articulados con el resto? _____

_____
_____
_____
_____

3. ¿Existen políticas públicas o instrumentos específicos para la consolidación de planes nacionales y redes de funcionamiento dentro del Sistema? Enumérelos. _____

_____
_____
_____
_____

4. La situación del Sistema Nacional es mejor o peor que en otros países de la región. _

_____
_____
_____
_____

5. Califique con una x la existencia de los siguientes problemas en su país y su importancia como obstáculo para el buen funcionamiento del SNCTI, según una escala del 1 al 5 (1: problema casi inexistente; 5: problema muy grave). Una fila sin x indica que el problema no existe o no es considerado relevante para el SNCTI.

	1	2	3	4	5
Discontinuidad en la definición y aplicación de políticas públicas					
Inexistencia de indicadores de desempeño					
Debilidad en la evaluación y seguimiento de la gestión					
Desvinculación con la necesidades del país					
Falta de visibilidad o credibilidad del sector científico.					
Poca valoración social del conocimiento					
Debilidad en la demanda, por parte del sector productivo, de ciencia y tecnología					
Concentración de las actividades de CyT en la región capital					
Base insuficiente de recursos humanos calificados					
Subutilización del capital intelectual y de la capacidad existente en I+D					
Poca colaboración entre países de América Latina y dependencia de los países desarrollados					
Insuficiencia del marco institucional y de incentivos para la promoción de la innovación en el sector productivo					
Poca vinculación de sectores empresarial y académico					
Debilidad institucional en el sector público					
Debilidad administrativa en los organismos públicos de financiamiento.					
Escasa inversión pública en C yT					
Poca coherencia o adecuación de las políticas públicas					
Escasa transparencia y participación social en la formulación, ejecución de políticas y adjudicación de recursos financieros.					

Enumere otros problemas importantes, no incluidos en la tabla anterior, y su importancia como obstáculo para el buen funcionamiento del SNCTI, según una escala del 1 al 5 (1: problema casi inexistente; 5: problema muy grave).

Enumere otros problemas relevantes	1	2	3	4	5

6. Existencia de estrategias o instrumentos específicos de políticas públicas implementados para encarar estos problemas. Indique con una x su efectividad para contribuir a su solución (0: inefectivo; 1: parcialmente efectivo; 2: muy efectivo)

	Instrumento o estrategia	Organismo Responsable	0	1	2	Comentarios
Discontinuidad en la definición y aplicación de políticas						
Inexistencia de indicadores de desempeño						
Debilidad en la evaluación y Seguimiento de la gestión						
Desvinculación con las necesidades Prioritarias del país						
Falta de visibilidad o credibilidad del sector científico. Pobre valoración social del conocimiento						
Debilidad en la demanda, por parte del sector productivo, de c y t						
Concentración de las actvidades de CyT en la región capital						
Base insuficiente de recursos humanos calificados						
Subutilización del capital intelectual, de la capacidad en I+D						

	Instrumento o estrategia	Organismo Responsable	0	1	2	Comentarios
Poca colaboración entre países de AL y dependencia de los países desarrollados						
Insuficiencia del marco institucional y de incentivos para la la innovación en sector productivo						
Poca vinculación sectores empresarial y académico						
Debilidad institucional en el sector público						
Debilidad Administrativa en los organismos de financiamiento.						
Escasa inversión pública en C yT						
Poca coherencia o adecuación de las políticas públicas						
Escasa transparencia y participación social en formulación, ejecución de políticas, adjudicación de recursos financieros.						

Agregue información sobre los otros problemas, si los incluyó en el aparte anterior.

Otros problemas relevantes	Instrumento o estrategia	Organismo responsable	0	1	2	Comentarios

7. Califique con una x la situación de cada componente dentro del SNCTI (0: inexistente, 1: muy débil, no funciona bien; 5: muy fuerte, funcionamiento muy satisfactorio y favorable al desarrollo del SNCTI)

	0	1	2	3	4	5
Entorno macroeconómico y político						
Marco Legal y jurídico, incentivos. Instituciones públicas que definen políticas						
Organismos que ejecutan actividades de I+D						
Capacidades nacionales en I+D						
Sistema de Financiamiento Público						
Sistemas de calidad y metrología						
Sistemas de propiedad intelectual						
Redes y sistemas de Información						
Redes de Servicios y de Apoyo						
Potencial innovador del sector de la PYME						
Vinculación y funcionamiento coordinado de los componentes del SNCTI Sistemas de Evaluación y						
Seguimiento del Funcionamiento del SNCTI						

8. De los componentes incluidos en la tabla anterior, ¿cuáles considera Ud. que son los más débiles en el funcionamiento del SNCTI y cuáles son los que están mejor desarrollados y adecuados según sus fines dentro del Sistema? ¿Por qué? Comente sobre el funcionamiento y consolidación del SNCTI.

_____

_____

_____

_____

_____

_____

_____

_____

_____

_____

_____

_____

_____

_____

_____

_____

_____

_____

4. Enumere los cinco principales logros o contribuciones más recientes, a nivel nacional o internacional, de las actividades nacionales en C+T y describa su impacto.

Actividad o proyecto	Logros o resultados relevantes	Fechas de ejecución	Instituciones ejecutoras	Impacto o importancia en las áreas de generación de Conocimiento sociales o económicos	% financiamiento público en el costo total del proyecto

5. Enumere las cinco experiencias o estrategias recientes más exitosas o novedosas en gestión pública de C+T.

Breve descripción de la experiencia y problema atendido	Fechas de implementación	Organismos responsables	Impacto

6. La capacidad y potencial de innovación en el sector PYME es baja:

1. Marque con una X, una o más de las siguientes posibilidades
___ Esta aseveración es cierta para todos los sectores
___ Existen pymes que han alcanzado un satisfactorio nivel competitivo en mercados nacionales y/o internacionales por su capacidad innovadora, en algunos sectores
Indique cuáles:

_____
_____
_____
_____
_____

___ Existen en el país políticas públicas e instrumentos específicos para fomentar el desarrollo de empresas innovadoras o de procesos de innovación en empresas existentes.

2. Comente experiencias o iniciativas exitosas de PYMES innovadoras, de PYMES en sectores de uso intensivo del conocimiento o de circuitos de innovación nacionales en sectores relevantes, si existen.

_____
_____
_____
_____
_____
_____
_____
_____
_____
_____
_____
_____
_____

2. Los obstáculos que enfrentan las Pyme's para emprender procesos de innovación son los siguientes (califique su importancia en una escala del 1: poco importante, al 5: muy importante)

	0	1	2	3	4	5
Inexistencia, deficiencia o discontinuidad en la definición y aplicación de políticas de apoyo a la innovación en la PYME						
Inestabilidad económica						
Inestabilidad política						
Inestabilidad jurídica						
Dificultad de acceso al financiamiento para procesos de innovación						
Baja preparación del personal empleado en la PYME						
Poca vinculación con sector de I+D nacional						
Poca valoración y conocimiento de la importancia de la innovación tecnológica y de la C y T por parte del sector empresarial						
Ausencia de información sobre las oportunidades e nstrumentos que ofrece el estado para el apoyo de procesos de innovación						

	0	1	2	3	4	5
Poca capacidad de asociación con otras empresas nacionales						
Inexistencia de sistemas y redes de información y apoyo tecnológico						
Excesivo proteccionismo del Estado						
Insuficiencia del marco institucional y de incentivos para la promoción de la innovación en el sector productivo						
Corrupción en el sector público						
Debilidad institucional en el sector público						
Dificultades administrativas para realización de trámites en los organismos						
Poca vinculación de la oferta en C y T con las denmandas del sector productivo						
Otros:						

Existencia de estrategias o instrumentos específicos de políticas públicas implementados para encarar estos problemas. Indique con una x su efectividad para contribuir a su solución (0: inefectivo; 1: parcialmente efectivo; 2: muy efectivo)

	Instrumento o estrategia	Organismo Responsable	0	1	2	Comentarios
Inexistencia, deficiencia o discontinuidad en la definición y aplicación de políticas de apoyo a la innovación en la PYME						
Inestabilidad económica						
Inestabilidad política						
Inestabilidad jurídica						
Dificultad de acceso al financiamiento para procesos de innovación						
Baja preparación del personal empleado en la PYME						
Poca vinculación con sector de I+D nacional						
Poca valoración y conocimiento de la importancia de la innovación tecnológica y de la C y T por parte del sector empresarial						
Ausencia de información sobre las oportunidades e nstrumentos que ofrece el estado para el apoyo de procesos de innovación						

	Instrumento o estrategia	Organismo Responsable	0	1	2	Comentarios
Poca capacidad de asociación con otras empresas nacionales						
Inexistencia de sistemas y redes de información y apoyo tecnológico						
Excesivo proteccionismo del Estado						
Insuficiencia del marco institucional y de incentivos para la promoción de la innovación en el sector productivo						
Corrupción en el sector público						
Debilidad institucional en el sector público						
Dificultades administrativas para realización de trámites en los organismos						
Poca vinculación de la oferta en C y T con las denmandas del sector productivo						
Otros:						

7. El país se encuentra rezagado en materia de capacidades, aprovechamiento y utilización de las nuevas tecnologías de información y comunicación (TIC)

1. Las políticas nacionales implementadas para el acceso, desarrollo y aprovechamiento de las TI son: (Marque con una X, una o más de las siguientes posibilidades)
___ Inexistentes
___ Insuficientes
___ Adecuadas
___ Muy exitosas
___ Demasiado recientes para apreciar su impacto

2. Existe un marco legal apropiado para el desarrollo de: (Marque con una X, una o más de las siguientes posibilidades)
___ Gobierno Electrónico
___ Comercio Electrónico
___ Desarrollo de industrias en el sector TIC
___ Incentivos para la utilización de TIC

3. Ubique la situación de su país en relación al avance de programas de: (Marque con una X, una o más de las siguientes posibilidades)

	Incipiente	Dentro de la media regional	Sobre el promedio regional	Existen políticas, planes e instrum. específicos para su desarrollo	Escriba los ppales. obstáculos para su desarrollo
Gobierno Electrónico					
Comercio Electrónico					
Utilización de TI en PYME					
Penetración, acceso y apropiación social de las TI					
Desarrollo de contenidos locales					
Aprovechamiento de TI en procesos de innovación productiva y social					
Capacidades de talento humano nacional en TIC					
Utilización de TIC en educación					
Utilización de TIC en salud y telemedicina					

4. Enumere las cinco experiencias recientes más exitosas o novedosas en el desarrollo del sector TIC.

Breve descripción de la experiencia y problema atendido	Fechas de implementación	Organismos responsables	Impacto

8. Impacto de los proyectos de organismos multilaterales

1. La apreciación general acerca de los resultados de los proyectos financiados por organismos multilaterales en el área de ciencia, tecnología e innovación, recientemente ejecutados o en ejecución, según sus componentes y el grado de cumplimiento de sus principales objetivos, es la siguiente: (Marque con una X, en la tabla, según una escala donde 5 corresponde a 100% de los objetivos alcanzados y 1 indica que los objetivos no fueron alcanzados. Agregue componentes al final de la tabla, si es necesario)

	No aplica (El proyecto no lo incluye)	1	2	3	4	5
Soporte al establecimiento de políticas en C y T						
Fortalecimiento de capacidades nacionales en C y T						
Soporte a la investigación básica y aplicada						
Reducción de la fuga de talentos						
Fortalecimiento y utilización del capital intelectual						
Estimular el desarrollo de vocaciones tempranas						
Promoción y divulgación de actividades de C y T						
Desarrollo de mecanismos y estrategias de vinculación entre instituciones de I+D y la sociedad						
Soporte a procesos de transferencia tecnológica						
Fortalecimiento de instituciones de financiamiento						
Fortalecimiento de sistema de calidad y metrología						
Fortalecimiento de sistema de patentes						

	No aplica (El proyecto no lo incluye)	1	2	3	4	5
Fortalecimiento de redes de apoyo						
Fortalecimiento de sistemas de información						
Fortalecimiento de sistemas de evaluación y seguimiento						
Fortalecimiento de la cooperación y vinculaciones entre actores y componentes del SNCTI						
Fortalecimiento de la demanda por parte del sector productivo						
Fortalecimiento de la capacidad innovadora y soporte a proyectos de innovación de las PYMES						
Soporte a redes de cooperación productiva (clusters)						
Fortalecimiento de la cooperación internacional						

2. Los proyectos ejecutados o en ejecución presentaron dificultades (1: muy pocas, 5: dificultades muy importantes) en los siguientes aspectos: (Agregue otros aspectos al final de la tabla, si es necesario)

	1	2	3	4	5
Capacidad técnica del personal de la unidad ejecutora					
Debilidad institucional y trabas administrativas y burocráticas en el funcionamiento de la institución ejecutora					
Lentitud en la adjudicación de recursos a solicitudes aprobadas					
Dificultades y demoras en los aportes de recursos nacionales Baja demanda en algunos componentes del proyecto					
Poca promoción o divulgación de programas y convocatorias					
Alto porcentaje de proyectos rechazados por no cumplir con los requerimientos de la evaluación técnica					
Funcionamiento de los mecanismos de evaluación y seguimiento					

3. Los componentes del proyecto destinados al financiamiento de actividades relacionadas con el sector productivo presentaron una ejecución: (Marque con una X, una o más de las siguientes posibilidades)

___ exitosa.
___ menos exitosa que los componentes destinados al sector de investigación..
___ con algunas dificultades.
___ con muchas dificultades.
___ no se ejecutó.
___ ejecución entre 1% - 30% de lo esperado
___ ejecución entre 31% - 60% de lo esperado
___ ejecución entre 61% - 90% de lo esperado
___ ejecución de más del 90%

4. En el caso de que la ejecución de componentes del proyecto destinadas al sector productivo no haya sido considerada totalmente exitosa, las causas de esta situación son: (indique la importancia o incidencia, de menor a mayor, en una escala de 1 a 5 y agregue otros aspectos al final de la tabla, si es necesario)

	1	2	3	4	5
Baja demanda por parte del sector productivo					
Desconocimiento del programa por parte del sector. Insuficiencia de promoción y divulgación de la oferta de fondos					
Baja credibilidad de la institución ejecutora o del programa en el medio empresarial					
Oferta de instrumentos poco adaptados a las necesidades reales y capacidades del sector productivo					
Lentitud excesiva en los procesos de evaluación y adjudicación de recursos, no adaptados a la dinámica del sector empresarial					
El sector empresarial no valora ni considera importante la inversión y ejecución de proyectos de CTI					
Alto porcentaje de solicitudes rechazadas por deficiencias en la formulación de los proyectos o por no adaptarse a los términos de referencia del programa (Desconocimiento del significado, objetivos y alcance de los proyectos de CTI)					
Alto porcentaje de solicitudes rechazadas por insuficiencias en el nivel técnico de las propuestas o pobre evaluación de la capacidad de la empresa (capital humano, infraestructura, etc) para la ejecución de proyectos exitosos de ciencia, tecnología e innovación					
Alto porcentaje de solicitudes rechazadas por insuficiencia de garantías, del aporte financiero de la empresa, o inexistencia de otros recaudos requeridos para aprobar créditos o subvenciones					
Deficiencias e inadecuación de los criterios, comisiones técnicas y procesos de evaluación, excesivamente academicistas, para proyectos de innovación tecnológica y productiva					

	1	2	3	4	5
Baja calificación del personal de la empresa para la formulación, ejecución y gestión de proyectos de CTI					
Poca capacidad asociativa entre empresas y/o entre empresas y el sector de investigación					
Inadecuación de los reglamentos, organización, procesos, capacidades y del perfil del personal de la institución ejecutora, tradicionalmente destinada a satisfacer las demandas del sector académico y de I+D, para el establecimiento de programas e instrumentos nuevos, y a relacionarse con actores del sector productivo					
Poca vinculación del organismo ejecutor con el resto del sistema financiero y con otras instituciones públicas y privadas relacionadas con políticas y apoyo al sector empresarial					

5. Agregue los comentarios que considere necesarios acerca de los programas de CTI implementados por organismos multilaterales en su país.

_____
_____
_____
_____
_____
_____
_____
_____
_____
_____
_____
_____
_____
_____
_____
_____
_____
_____
_____
_____
_____
_____
_____
_____
_____
_____
_____
_____
_____

9. Agregue cualquier comentario adicional que considere pertinente para evaluar las capacidades nacionales en CTI, grado de consolidación del sistema y pertinencia, eficacia o deficiencia de las políticas públicas vigentes en esta área.

10. Introduzca cualquier crítica, recomendación o comentario que considere pertinente sobre esta encuesta

_____
_____
_____
_____
_____
_____
_____
_____
_____
_____
_____
_____
_____
_____
_____
_____
_____
_____
_____
_____
_____
_____
_____
_____
_____
_____
_____
_____
_____
_____

Los autores

Los autores de este libro son ingenieros civiles, de la Universidad Central de Venezuela (UCV) en 1980, ambos con la mención Summa Cum Laude, son Máster en Ingeniería Estructural en la Universidad Federal de Río de Janeiro y Doctores en Ciencias Aplicadas del Instituto Nacional de Ciencias Aplicadas, Francia. Efectuaron estudios postdoctorales en l'École Normale Supérieure - Université París VI y en el INSA. Ambos combinan la formación técnica con estudios humanísticos: ambos obtuvieron la licenciatura de filosofía de la UCV; Marianela Lafuente es, además, licenciada en letras modernas de la Universidad Toulouse II de Francia y Carlos Genatios obtuvo un Diplôme d'Études Approfondies (D.E.A.) de la misma universidad.

Por más de veinticinco años han sido profesores e investigadores universitarios, líderes de instituciones de gobierno y consultores. Son profesores titulares de la Universidad Central de Venezuela (UCV), en el Instituto de Materiales y Modelos Estructurales (IMME), instituto del cual ambos han sido directores y donde fundaron siete cátedras de pregrado y postgrado.

En 1999, Carlos Genatios fue nombrado ministro de Ciencia y Tecnología y se le asignó la tarea de fundar ese ministerio (MCT) e impulsar el desarrollo del Sistema Nacional de Ciencia, Tecnología e Innovación. Durante su gestión en el MCT, Marianela Lafuente ocupó el cargo de viceministra de Planificación y Desarrollo y en varias ocasiones fue ministra encargada. En Enero de 2002 renunciaron a esos cargos. Carlos Genatios fue presidente del Consejo Andino de Ciencia y Tecnología (2000–2001).

Los autores crearon varias instituciones y programas, entre los que destacan: el Ministerio de Ciencia y Tecnología, el Centro Nacional de Tecnologías de Información, el Fondo Nacional de Ciencia, Tecnología e Innovación, el Fondo para la Investigación y Desarrollo de las Telecomunicaciones, el Observatorio Nacional de Ciencia y Tecnología, el programa Infocentros, las agendas de competitividad, innovación y la incubadora de base tecnológica para pymes, el programa de Clusters, el Plan Nacional de Tecnologías de Información y Telecomunicación (TIC). Asimismo, concibieron, desarrollaron y promovieron la Ley Orgánica de Ciencia, Tecnología e Innovación (LOCTI), hasta su promulgación en 2001 y promovieron y lograron la aprobación de la Ley de Firmas y documentos electrónicos.

Han sido consultores de la Presidencia del Banco Interamericano de Desarrollo, evaluadores de la iniciativa Millenium del Banco Mundial y de la CAF. Han sido cofundadores y directores de Geópolis, red latinoamericana para la reducción de riesgos desastres y el desarrollo sostenible. Han sido autores o coautores de numerosos artículos científicos y de opinión y de libros, entre los cuales se encuentran: Ciencia y Tecnología en América Latina, Contribuciones a la ingeniería estructural y sismorresistente, Revisión de la Normativa Sísmica de Estructuras en América Latina, Risques naturels et technologiques. Áleas, vulnerabilité et fiabilité des constructions, Desastres Sísmicos en ciudades de Países en Desarrollo, y Ciencia y Tecnología en Venezuela.

Carlos Genatios y Marianela Lafuente son miembros de la Academia Nacional de la Ingeniería y el Hábitat de Venezuela.

El Centro para la Innovación, el Desarrollo Tecnológico y del Conocimiento en Ingeniería (CITECI) es una organización creada a finales de 2006, con el propósito de incentivar procesos de generación y uso del conocimiento y de innovación y desarrollo tecnológico.

Orientada por criterios de responsabilidad social, CITECI es una iniciativa que busca apoyar el sector productivo venezolano, para impulsar su crecimiento y competitividad a través de estrategias y programas que apuntan, al mismo tiempo, al fortalecimiento y aprovechamiento del talento humano y de las capacidades en ciencia y tecnología. CITECI está dirigido a la vinculación del sector empresarial con los sectores públicos, académicos y de investigación, así como con la sociedad en general, con el fin de contribuir con la mejora de la calidad de vida de la población, y con el desarrollo social y económico de la nación. Dentro de sus programas se incluyen publicaciones destinadas a la generación, difusión y divulgación del conocimiento.

Ediciones CITECI incluye tres colecciones: Conocimiento e investigación, compuesta por obras de alto nivel científico y técnico, libros destinados a valorar y difundir conocimiento de alto nivel científico; Conocimiento y desarrollo, con monografías y estudios orientados a contribuir con presentar propuestas, herramientas metodológicas, diferentes puntos de vista para el análisis y la discusión de temas de actualidad mundial y de problemas prioritarios en diversos sectores de interés; y la colección Conocimiento y aplicación, con publicaciones de impacto social, en especial, cartillas de divulgación dirigidas a la difusión del conocimiento para su popularización y la aplicación masiva.

www.ingramcontent.com/pod-product-compliance
Lightning Source LLC
Chambersburg PA
CBHW071539200326
41519CB00021BB/6547